教育部现代学徒制试点项目成果/黑龙江省高水平专业建设项目成果

高端技术技能型人才培养规划教材

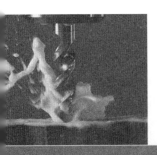

数 控 加 工

SHUKONG JIAGONG

主　编　蒋林敏

副主编　任利群　闫国成　鄂　蕊　刘加良

主　审　孙中国

哈爾濱工業大學出版社

HARBIN INSTITUTE OF TECHNOLOGY PRESS

内 容 简 介

本书以数控加工中常用的数控车床、数控铣床为主,重点介绍数控加工工艺及程序编制。学习项目分为数控车削加工、数控铣削加工两项,共设置八个独立的学习任务,分别是直线外形轴类零件的数控加工,圆弧外形轴类零件的数控加工,螺纹外形轴类零件的数控加工,带孔轴类和盘套类零件的数控加工,复杂轴套配合类零件的数控加工,普通矩形类零件平面、沟槽的数控加工,普通矩形类零件内外轮廓的数控加工,带孔系箱体类零件的数控加工。

本书可作为高等职业教育、中等职业教育的机械、数控、模具等机械类各专业实行理实一体化教学模式的教学用书,也可供机械制造行业的工程技术人员、技术工人参考。

图书在版编目(CIP)数据

数控加工/蒋林敏主编. —哈尔滨:哈尔滨工业
大学出版社,2021.7(2024.8 重印)
ISBN 978 - 7 - 5603 - 9501 - 2

Ⅰ.①数… Ⅱ.①蒋… Ⅲ.①数控机床-加工-高等
职业教育-教材 Ⅳ.①TG659

中国版本图书馆 CIP 数据核字(2021)第 113667 号

责任编辑 张 荣
出版发行 哈尔滨工业大学出版社
社   址 哈尔滨市南岗区复华四道街 10 号   邮编150006
传   真 0451 - 86414749
网   址 http://hitpress.hit.edu.cn
印   刷 黑龙江艺德印刷有限责任公司
开   本 787mm×1092mm 1/16 印张 11.5 字数 280 千字
版   次 2021 年 7 月第 1 版 2024 年 8 月第 2 次印刷
书   号 ISBN 978 - 7 - 5603 - 9501 - 2
定   价 36.00 元

(如因印装质量问题影响阅读,我社负责调换)

前　言

　　数控技术和数控装备是现代制造技术的基础与核心，这个基础是否牢固直接影响一个国家的经济发展和综合国力，关系一个国家的战略地位。数控技术水平的高低、数控设备拥有量的多少及数控技术的普及程度是衡量一个国家工业现代化水平的重要标志之一，也是衡量广大高等工科职业院校办学水平的重要指标之一。为推动高职高专机械类教学的发展，培养与我国现代化建设相适应的、在机械制造业中从事技术应用的一体化人才，我们编写了本书。

　　本书在编写形式上采用"项目教学法""任务驱动"的思路，打破了以陈述性知识传授为主要特征的课程教学模式，采用基于工作过程模式进行教材内容设计，用真实的机械零件作为教学载体，以职业岗位标准作为教学依据，采用"学、做"一体化教学。学习项目分为数控车削加工、数控铣削加工两项，共设置八个独立的学习任务，分别是直线外形轴类零件的数控加工，圆弧外形轴类零件的数控加工，螺纹外形轴类零件的数控加工，带孔轴类和盘套类零件的数控加工，复杂轴套配合类零件的数控加工，普通矩形类零件平面、沟槽的数控加工，普通矩形类零件内外轮廓的数控加工，带孔系箱体类零件的数控加工。学习任务由简单到复杂进行编排，其内容按照"知识+技能"及专业所对应岗位职业资格标准进行设计。

　　本书可作为高等职业教育、中等职业教育的机械、数控、模具等机械类各专业实行理实一体化教学模式的教学用书，也可供机械制造行业的工程技术人员、技术工人参考使用。

　　本书由黑龙江职业学院蒋林敏、任利群、闫国成、鄂蕊和东安动力股份有限公司刘加良等共同编写，孙中国主审。具体编写分工如下：蒋林敏编写学习项目一；任利群、闫国成、鄂蕊、刘加良编写学习项目二。

　　虽然编者尽力将本书编写成为一本适合大多数高职院校理工科机械专业教学的教材，但是由于编者水平有限，书中难免存在疏漏和不足之处，恳请使用本书的师生和广大读者批评指正。

编　者

2021 年 4 月

目　　录

学习项目二 数控铣床的任务加工

绪　　论

现代制造企业已广泛采用了以数字控制技术为主的设备进行生产。数字控制技术是一种采用计算机对加工过程中各种控制信息进行数字化运算、处理,并通过驱动单元对执行机构进行自动化控制的技术。数控加工,即是指在数控机床上进行零件加工的工艺过程。

1. 数控机床的产生和发展

世界上第一台数控机床于 1952 年诞生于美国麻省理工学院(MIT),是由美国帕森斯公司(Parsons Co.)和 MIT 合作研制的三坐标数控铣床,用于加工直升飞机变截面螺旋桨叶片轮廓的检测样板。机床占地面积约 60 m^2,其数控系统是一台专用计算机,由 2 000 多个电子管组成,插补装置采用"数字脉冲乘法器",它是一种直线插补器,伺服机构采用一台小型液压马达,通过改变液压马达的斜盘倾角而进行变速,实质上仍属于一台试验性的数控加工设备。

1954 年,在帕森斯(Parsons)专利的基础上,由美国本迪克斯公司(Bendix Co.)所生产出来的数控机床是世界上第一台工业实用性数控机床。

1959 年,开始采用晶体管元件和印刷电路板,美国克耐·杜列克公司(Keaney & Trecker)首次成功地开发了加工中心(Machining Center,MC),这是一种具有自动换刀装置和回转工作台的数控机床,可以在一次装夹中对工件的多个平面进行多道工序的加工。从 1960 年开始,其他一些国家如德国、日本等也陆续开发生产出数控机床。

1965 年,数控装置开始采用小规模集成电路,体积大大减小,功耗降低,可靠性提高。1967 年,在英国出现了由多台数控机床连接而成的柔性加工系统,这便是最初的柔性制造系统(Flexible Manufacturing System,FMS)。

1970 年,数控装置开始采用大规模集成电路和微型计算机,在美国芝加哥国际机床展览会上,首次展出了用微型计算机控制的数控机床(CNC)。1974 年,微处理器直接用于数控系统,促进了数控机床的普及应用和数控技术的发展。

我国从 1958 年开始研制数控机床,由清华大学研制出最早的样机,1966 年我国研制出第一台用直线圆弧插补的晶体管数控系统,1970 年初研制成功集成电路数控系统,1975 年又研制出第一台加工中心。

改革开放以来,由于引进了国外的数控系统与伺服系统的制造技术,使我国在数控机床的品种、数量和质量方面得到了迅速发展。目前,我国已有几十家机床厂能够生产不同类型的数控机床和加工中心。另外,我国对经济型数控机床的研究、生产和推广工作已取得了较大的进展。在数控技术领域,目前我国和先进的工业国家之间还存在着一定的差距,但随着我国国民经济的迅速发展,企业设备改造和技术更新的深入开展,各行业对数控机床的需求量将大幅度增加,这将有力地促进我国数控机床的发展,逐步缩小与先进工业国家之间的差距。

随着电子技术和计算机技术的不断发展,数控系统经历了电子管(1952年)、晶体管(1958年)、小规模集成电路(1965年)、大规模集成电路和微型计算机(1970年)几个时代,直到微型计算机引入数控系统,才使它在质的方面完成了一次飞跃,利用控制软件实现多种控制功能,显著提高了系统的功能特性和可靠性,这种由微型计算机控制的数控系统简称为CNC(Computer Numerical Control)系统。目前,绝大部分的数控机床都采用微型计算机控制,所以也称为CNC机床。

2. 数控机床的加工原理

在使用机床加工零件时,通常都需要对机床的各种动作进行控制,一是控制动作的先后次序;二是控制机床各运动部件的位移量。采用普通机床加工时,开车、停车、走刀、换向、主轴变速和开关切削液等操作都是由人工直接控制的。而采用自动机床和仿形机床加工时,上述操作和运动参数则是通过设计好的凸轮、靠模和挡块等装置以模拟量的形式来控制的,它们虽能加工比较复杂的零件,且有一定的灵活性和通用性,但是零件的加工精度受凸轮、靠模制造精度所影响,而且工序准备时间也比较长。

在采用数控机床加工零件时,只需将零件图形和工艺参数、加工步骤等以数字信息的形式,编成程序代码输入机床控制系统中,再由其进行运算处理后转成驱动伺服机构的指令信号,从而控制机床各部件协调动作,自动地进行加工零件。当更换加工对象时,只需要重新编写程序代码,输入给机床,即由数控装置代替人的大脑和双手大部分功能,控制加工的全过程,制造出任意复杂的零件。数控机床的加工原理如图1所示。

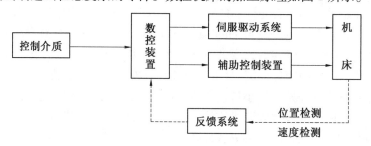

图1　数控机床组成及加工原理图

在数控机床上加工零件,通常要经过以下几个步骤:

① 根据零件图的图样和技术条件,编写出工件的加工程序,并记录在控制介质即载体上;

② 把程序载体上的程序通过输入装置输入到计算机数控装置中去;

③ 计算机数控装置将输入的程序经过运算处理后,由输出装置向各个坐标的伺服驱动系统、辅助控制装置发出指令信号;

④ 伺服驱动系统把接收的指令信号放大,驱动机床的移动部件运动;辅助控制装置根据指令信号控制主轴电机等运转;

⑤ 通过机床的机械部件带动刀具及工件做相对运动,加工出符合图样要求的工件;

⑥ 位置检测反馈系统检测机床的运动,并将信号反馈给数控装置,以减少加工误差。当然,对于开环机床来说,没有检测、反馈系统。

下面重点讲述数控机床的控制介质、数控装置、伺服驱动系统、辅助控制装置及机床本体。

（1）控制介质。

数控机床是按照输入的加工程序运行的,控制介质就是人们控制数控机床的中间媒介,即程序载体。在使用数控机床之前先要根据零件图和技术要求,将加工时刀具相对于工件的位置、相对运动轨迹、工艺参数、辅助运动等全部动作及顺序,按规定的格式和代码编写出工件的加工程序,并存储在一种载体上,如初期使用的穿孔纸带、磁带、软磁盘等。需要加工时再通过输入装置如光电阅读机、录放机、软盘驱动器等将存储在控制介质上的加工程序输入到数控机床的数控装置中去。

现在数控机床不用任何程序载体而采用手动(Manual Data Input,MDI)方式,用数控系统操作面板上的按键直接键入程序;有些数控机床采用通信接口,由编程计算机以通信方式输入。

（2）数控装置（CNC）。

数控装置(CNC)是数控机床的中枢,它由输入装置、输出装置、运算器、控制器、存储器等组成,它接收由控制介质输入的加工信息代码(加工程序),经识别、译码后送到相应的存储区,作为控制和运算的原始数据,再经过数据运算处理,由输出装置以脉冲的形式向辅助控制装置和伺服驱动系统发出控制指令和运动指令。

（3）伺服驱动系统。

伺服驱动系统是数控系统的一个重要组成部分,它将CNC装置送来的脉冲运动指令信息进行放大,驱动机床的移动部件(刀架或工作台)按规定的轨迹和速度移动或精确定位,加工出符合图样要求的工件。每个脉冲信号使机床移动部件产生的位移量称为脉冲当量,用δ表示,常用的脉冲当量有0.01 mm/脉冲、0.005 mm/脉冲和0.001 mm/脉冲。

伺服驱动系统由伺服驱动电路、功率放大电路、伺服驱动装置(电机)等组成,并与机床上执行部件和机械传动部件组成数控机床的进给系统。每个做进给运动的执行部件,都配有一套伺服驱动系统。伺服驱动系统有开环、半闭环和闭环之分,半闭环和闭环控制的数控机床都带有位置检测反馈系统,它将机床移动的实际位置、速度参数检测出来,转换成电信号反馈到CNC装置与指令位移进行比较,并由CNC装置发出相应的指令,控制进给运动修正偏差,提高加工精度。

（4）辅助控制装置。

辅助控制装置即强电控制装置,是介于数控装置和机床机械、液压部件之间的控制系统。它是把CNC送来的辅助控制指令信号经必要的编译、逻辑判断、功率放大后直接控制主电机的启动、停止和调速,冷却泵的启动和停止及工作台的转位和换刀等动作。此外,还有行程开关的监控检测等开关信号也要经过强电控制装置送到CNC装置进行处理。

（5）机床本体。

数控机床是高精度、高效率的自动化加工机床,其机械部件的组成与普通机床相似,但传动结构要求更为简单,在精度、刚度、抗振性、抗热变形、减小摩擦系数、消除传动间隙等方面要求更高,而且其传动和变速系统要便于实现自动化控制。

3. 数控机床加工的特点及应用

（1）适应性强。

适合单件、小批量复杂零件的加工，由于数控加工是按照被加工零件的数控程序来进行自动加工的，当改变加工零件时，只要改变数控程序，不必制作夹具、模具、样板等专用工艺装备，更不需重新调整机床，就可迅速地实现新零件的加工。因此，它不仅缩短了生产准备周期，而且节省了大量的工艺装备费用，有利于机械产品的更新换代。

（2）加工精度高，加工质量稳定。

由于目前数控装置的脉冲当量普遍达到了 0.001 mm/脉冲，传动系统与机床结构具有很高的刚度和热稳定性，进给系统采取了间隙消除措施，并且 CNC 装置能够对误差进行补偿，因此加工精度高。同时由于数控机床是自动加工的，避免了操作者的人为操作误差，因此，同一批工件加工的尺寸一致性好，加工质量十分稳定。

（3）自动化程度高，生产效率高。

除手工装夹毛坯外，其余全部加工过程都可由数控机床自动完成。配合自动装卸手段，则是无人控制工厂的基本组成环节。数控机床主轴转速和进给速度调速范围大，机床刚性好，可以采用较大的切削用量，有效地节省了加工时间。快速移动和定位均采用了加、减速措施，具有自动换速、自动换刀和其他辅助操作自动化等功能，而且加工精度比较稳定，工序间无需检验与测量（一般只作首件检验或工序间关键尺寸的抽检），更换零件不需重新调整，因此大大缩短了辅助时间。数控加工还可以集中工序，一机多用，在一台机床上，一次装夹的情况下实现多道工序的连续加工，减少半成品的周转时间，因此，数控机床的生产率一般比普通机床高 3～4 倍以上，特别是复杂型面零件的加工，其生产率比普通机床高十几倍甚至几十倍。

（4）操作者劳动强度低，但技术水平要求高。

数控机床是按程序自动进行加工的，操作者只进行面板操作、工件装卸、关键工序的中间测量及观察机床自动进行，劳动条件大大改善，劳动强度低。但数控机床是一种高技术设备，要求具有较高技术水平的人员来操作。

（5）经济效益好。

数控机床有利于生产、经营管理的现代化，市场响应快，可获得良好的经济效益。

4. 数控加工技术的发展方向

现代数控加工正在向高速化、高精度化、高柔性化、高一体化、智能化和网络化等方向发展。

（1）高速切削。

受高生产率的驱使，高速化已是现代机床技术发展的重要方向之一。高速切削可通过高速运算技术、快速插补运算技术、超高速通信技术和高速主轴等技术来实现。

高主轴转速可减少切削力，减小切削深度，有利于克服机床振动，传入零件中的热量大大减低，排屑加快，热变形减小，加工精度和表面质量得到显著改善。因此，经高速加工的工件一般不需要精加工。

（2）高精度控制。

高精度化一直是数控机床技术发展追求的目标,它包括机床制造的几何精度和机床使用的加工精度控制两方面。

提高机床的加工精度,一般是通过减少数控系统误差,提高数控机床基础大件结构特性和热稳定性,采用补偿技术和辅助措施来达到的。目前精整加工精度已提高到$0.1~\mu m$,并进入到亚微米级,不久超精度加工将进入纳米时代(加工精度达$0.01~\mu m$)。

（3）高柔性化。

在现代生产中,单功能机床已不能满足多品种、小批量、产品更新换代周期快的要求,因而具有多功能和一定柔性的设备和生产系统相继出现,促使数控技术向更高层次发展。

①柔性制造单元(FMC)。柔性制造单元(Flexible Manufacturing Cell,FMC)是在制造单元的基础上发展起来的,又具有一定的柔性,它可由一台或几台设备组成,具有独立自动加工的功能,同时又部分具有自动传递和监控管理功能,可实现零件的多品种、小批量生产。它的投资较少,容易实现,深受用户欢迎。

②柔性制造系统(FMS)。柔性制造系统(Flexible Manufacturing system,FMS)是由两台以上(通常由5~10台)数控机床和加工中心,及其他加工设备和一套能自动装卸物料的系统组成,可在一台中央计算机的控制下进行自动化生产的系统。它是一种把自动加工设备、物流自动化处理和信息流自动化处理融为一体的智能化加工系统,能根据任务和生产环境的变化迅速进行调整,适用于多品种、中小批量的生产,其特点是高效率、高柔性和高度自动化等。

③计算机集成制造系统(CIMS)。计算机集成制造系统(Computer Integrated Manufacturing System,CIMS)通常由管理信息系统、产品设计与工艺设计的工程设计自动化系统、制造自动化系统、质量保证系统4个功能分系统和计算机网络系统、数据库系统两个支撑分系统组成,通过计算机、网络、数据库等硬、软件将企业的生产决策、产品设计、加工制造、经营管理等方面的所有活动集成起来,实现现代化的集成管理,使企业获得最大的总体效益。所谓的柔性是指能够较容易地适应多品种、小批量的生产功能,通过数控编程或稍加调整就可加工几种不同的工件。

（4）智能化。

21世纪的CNC系统将是一个高度智能化的系统。可从五个方面描述,具体是指系统应在局部或全部实现加工过程的自适应、自诊断和自调整;多媒体人机接口使用户操作简单,智能编程使编程更加直观,可使用自然语言编程;加工数据的自生成及智能数据库;智能监控;采用专家系统以降低对操作者的要求等。

（5）网络化。

实现多种通信协议,既满足单机需要,又能满足FMS(柔性制造系统)、CIMS(计算机集成制造系统)对基层设备的要求。配置网络接口,通过Internet可实现远程监视和控制加工,进行远程检测和诊断,使维修变得简单。建立分布式网络化制造系统,可便于形成"全球制造"。

学习项目一　数控车床的任务加工

知识要点一　数控车床的基础知识、基本操作及维护保养

教学目标：

(1)了解数控车床的种类与用途；

(2)了解数控车床常用刀具；

(3)掌握数控车床加工工艺分析方法；

(4)掌握数控车床常见故障的维护维修方法；

(5)学会数控车床的基本操作方法；

(6)学会在数控车床上熟练安装工件；

(7)学会在数控车床上熟练安装刀具；

(8)学会正确使用操作面板上的功能键；

(9)熟练掌握对刀方法；

(10)熟悉数控车工安全技术规范；

(11)学会数控机床操作过程中的安全防护。

I　数控车床的基础知识

一、数控车床用途、分类

数控车床与普通车床一样，主要用来加工轴类或盘类回转体零件。与普通车床相比，数控车床加工精度高、加工质量稳定、效率高、适应性强、操作劳动强度低，数控车床尤其适合加工形状复杂的轴类或盘类零件。数控车床可以采用不同的方法分类。

1. 按数控系统的功能分

①经济型数控车床。一般在普通车床的基础上进行改进设计。

②全功能型数控车床。一般采用闭环或半闭环控制系统，具有高刚度、高精度和高效率等特点。

2. 按主轴配置形式分类

①卧式数控车床。主轴轴线处于水平位置。

②立式数控车床。主轴轴线处于垂直位置。

③双轴卧式(或立式)数控车床。机床具有两根主轴。

3. 按加工零件的基本类型分类

①卡盘式数控车床。这类车床没有尾座,适于车削盘类零件,其夹紧方式多为电动或液压控制,卡盘结构大多具有卡爪。

②顶尖式数控车床。这类车床设置有普通尾座或数控尾座,适合加工较长的轴类零件及直径不大的盘、套类零件。

4. 其他分类方法

数控车床还可分为直线控制数控车床、轮廓控制数控车床等;按特殊或专门的工艺性能分为螺纹数控车床、活塞数控车床、曲轴数控车床等。

二、数控车床常用刀具与夹具

1. 数控车床的切削刀具

数控车床切削刀具与普通车床相类似,主要分为焊接式与机械夹固式。数控车削加工中,常见的成型刀具有小半径圆弧车刀、非矩形车槽刀和螺纹车刀等。实际操作中,应尽量少用或不用成型车刀。当必须要用时,则应在工艺文件或加工程序单上进行详细说明。数控车床各种加工刀具如图 1 所示。

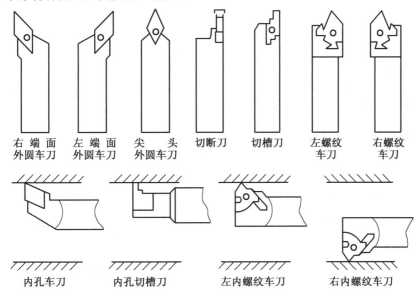

右端面外圆车刀　左端面外圆车刀　尖头外圆车刀　切断刀　切槽刀　左螺纹车刀　右螺纹车刀

内孔车刀　内孔切槽刀　左内螺纹车刀　右内螺纹车刀

图 1　数控车床各种加工刀具

2. 数控车床的夹具

数控车床夹具除了使用通用的三爪自定心卡盘、四爪自定心卡盘外,大批量生产中还使用便于自动控制的液压、电动及气动夹具。此外,数控车床加工中还有其他相应的夹具,主要分为用于轴类零件的夹具和用于盘类零件的夹具。

(1)轴类零件夹具。

用于轴类零件的夹具主要有自动夹紧拨动卡盘、拨齿顶尖、三爪拨动卡盘和快速可调万能卡盘等。数控车床加工轴类零件时,毛坯装夹在主轴顶尖和尾座顶尖之间,由主轴上的拨盘或拨齿顶尖带动旋转。这类夹具在粗车时可以传递足够大的转矩，以适应主轴的高速旋转车削。

（2）盘类零件夹具。

用于盘类零件的夹具主要有可调卡爪式卡盘和快速可调卡盘。这类夹具适用于无尾座的卡盘式数控车床。

三、工件的装夹方法、定位及校正

1. 工件的装夹方法

（1）三爪自定心卡盘装夹。

在三爪自定心卡盘上装夹，毛坯一般为圆形、六方形棒料的短小零件，用三爪自定心卡盘装夹的特点是能自动定心，一般不需校正可直接车削。

（2）三爪自定心卡盘和活顶针装夹。

零件长度与直径之比超过6的较长零件，可在三爪自定心卡盘装夹的同时配合用活顶尖顶零件的另一端，这种装夹方法比较简单，可允许较大的切削用量。

2. 工件的定位基准选择原则

①作为定位基准的表面要规矩、平直、光滑，要有足够的幅度，尽量避免利用带铸、锻造斜度的面或泥芯铸出的表面作定位基准，以保证装夹定位可靠，防止车削时零件偏离基准。

②如果零件有不需要加工的表面，应选择不加工的表面作为定位基准，以保证较好的同心和壁厚均匀一致。

③如果零件各表面均需加工，应选择加工余量最小的表面作为定位基准，以保证所有表面能全部加工到。

3. 工件的校正

工件的校正是指零件在投入切削前要检查装夹是否处于正确位置，其校正方法如下：

（1）铜棒校正法。

在刀架上夹一铜棒（铝棒或硬木块），将经过粗车的零件轻微用力夹持在三爪自定心卡盘上，开动车床低速旋转，使铜棒接触零件的外端外圆或端面，再略加压力，直到使零件表面与铜棒完全接触为止，停车后再夹紧零件。

（2）百分表校正法。

在精车、半精车时，为保证待加工表面对已加工表面的相对位置，保证同轴度、垂直度达到一定精度要求，可用百分表校正。方法是将百分表夹在刀架上，零件装夹在三爪自定心卡盘上，先初靠近卡爪一端的零件外圆表面，用手扳动卡盘旋转，调整卡爪，使百分表读数在0.02 mm之内。然后移动大拖板，带动百分表移到零件外端，再旋转卡盘，并用铜棒敲动零件的外端外圆表面进行调整，使百分表读数在0.02 mm之内，再反校靠近卡爪一端的外圆表面并返回复校外端外圆表面，这样反复多次校正，直至符合要求时为止。

注意：校正带端面的台阶零件，应先校正端面，后校正外圆。

四、数控车床切削加工零件的类型

数控车床主要车削加工回转体零件。回转体零件分为轴套类、轮盘类和其他类几种。

（1）轴套类零件。

轴套类零件的加工表面大多是内、外圆周面，锥面或锥螺纹。

（2）轮盘类零件。

轮盘类零件的加工表面多是端面，端面的轮廓可以是直线、斜线、圆弧、曲线或端面螺纹、锥面螺纹等。

（3）其他类零件。

数控车床与普通车床一样，装上特殊卡盘就可以加工偏心轴或在箱体、板材上加工孔或圆柱面。

Ⅱ　数控车床的基本操作

一、数控系统控制面板

数控系统控制面板如图 2 所示。

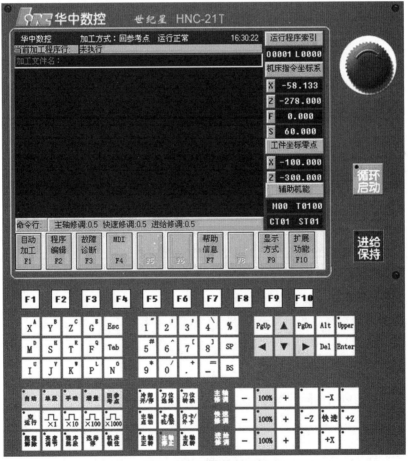

图 2　数控系统控制面板

1. MDI 键盘说明(表 1)

表 1   MDI 键盘说明

名称	功能说明
地址和数字键 X A / 2 t	按下这些键可以输入字母、数字或其他字符
Upper	切换键
Enter	输入键
Alt	替换键
Del	删除键
PgUp PgDn	翻页键
光标移动键	有四种不同的光标移动键 ▶ 用于将光标向右或者向前移动 ◀ 用于将光标向左或者往回移动 ▼ 用于将光标向下或者向前移动 ▲ 用于将光标向上或者往回移动

2. 菜单命令条说明

数控系统屏幕的下方就是菜单命令条,如图 3 所示。

图 3   菜单命令条

由于每个功能包括不同的操作,在主菜单条上选择一个功能项后,菜单条会显示该功能下的子菜单。例如,按下主菜单条中的"自动加工"后,就进入自动加工下面的子菜单条,如图 4 所示。

每个子菜单条的最后一项都是"返回"项,按该键就能返回上一级菜单。

图4 "自动加工"子菜单

3.快捷键说明

快捷键如图5所示。

图5 快捷键

快捷键的作用和菜单命令条相同。

在菜单命令条及弹出菜单中,每个功能项的按键上都标注了F1、F2等字样,表明要执行该项操作也可以通过按下相应的快捷键执行。

4.机床操作键说明(表2)

表2 机床操作键说明

名称	功能说明
急停键	用于锁住机床。按下急停键时,机床立即停止运动 急停键抬起后,该键下方有阴影,如图(a)所示;急停键按下时,该键下方没有阴影,如图(b)所示 (a)　　(b)
循环启动/进给保持	在自动和MDI运行方式下,用来启动和暂停程序
方式选择键	用来选择系统的运行方式 **自动** 按下该键,进入自动运行方式 **单段** 按下该键,进入单段运行方式 **手动** 按下该键,进入手动连续进给运行方式 **增量** 按下该键,进入增量运行方式 **回参考点** 按下该键,进入返回机床参考点运行方式 方式选择键互锁,当按下其中一个时(该键左上方的指示灯亮),其余各键失效(指示灯灭)

续表2

名称	功能说明
进给轴和方向选择开关 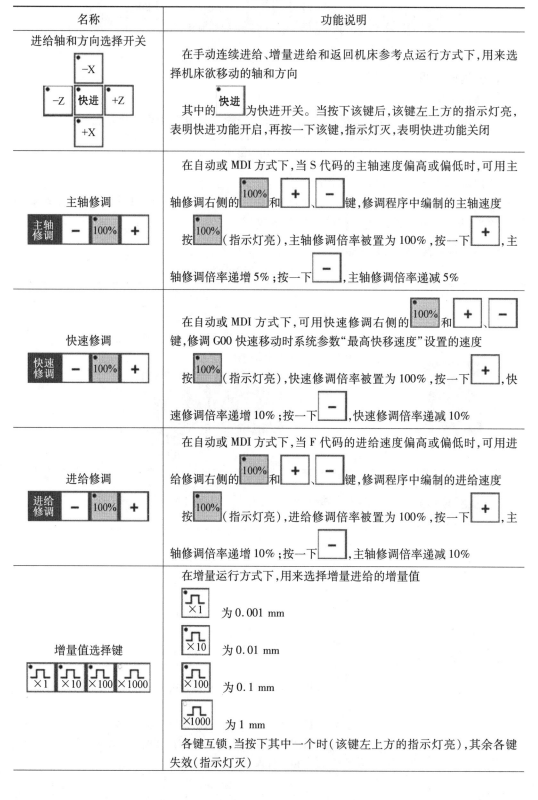	在手动连续进给、增量进给和返回机床参考点运行方式下,用来选择机床欲移动的轴和方向 其中的 [快进] 为快进开关。当按下该键后,该键左上方的指示灯亮,表明快进功能开启,再按一下该键,指示灯灭,表明快进功能关闭
主轴修调 [主轴修调] [−] [100%] [+]	在自动或 MDI 方式下,当 S 代码的主轴速度偏高或偏低时,可用主轴修调右侧的 [100%] 和 [+]、[−] 键,修调程序中编制的主轴速度 按 [100%] (指示灯亮),主轴修调倍率被置为 100%,按一下 [+],主轴修调倍率递增 5%;按一下 [−],主轴修调倍率递减 5%
快速修调 [快速修调] [−] [100%] [+]	在自动或 MDI 方式下,可用快速修调右侧的 [100%] 和 [+]、[−] 键,修调 G00 快速移动时系统参数"最高快移速度"设置的速度 按 [100%] (指示灯亮),快速修调倍率被置为 100%,按一下 [+],快速修调倍率递增 10%;按一下 [−],快速修调倍率递减 10%
进给修调 [进给修调] [−] [100%] [+]	在自动或 MDI 方式下,当 F 代码的进给速度偏高或偏低时,可用进给修调右侧的 [100%] 和 [+]、[−] 键,修调程序中编制的进给速度 按 [100%] (指示灯亮),进给修调倍率被置为 100%,按一下 [+],主轴修调倍率递增 10%;按一下 [−],主轴修调倍率递减 10%
增量值选择键 [×1] [×10] [×100] [×1000]	在增量运行方式下,用来选择增量进给的增量值 [×1] 为 0.001 mm [×10] 为 0.01 mm [×100] 为 0.1 mm [×1000] 为 1 mm 各键互锁,当按下其中一个时(该键左上方的指示灯亮),其余各键失效(指示灯灭)

续表2

名称	功能说明
主轴旋转键 [主轴正转][主轴停止][主轴反转]	用来开启和关闭主轴 [主轴正转]　按下该键,主轴正转 [主轴停止]　按下该键,主轴停转 [主轴反转]　按下该键,主轴反转
刀位转换键 [刀位转换]	在手动方式下,按一下该键,刀架转换一个刀位
超程解除 [超程解除]	当机床运动到达行程极限时,会出现超程,系统发出警告音,同时紧急停止。要退出超程状态,可按下[超程解除]键(指示灯亮),再按与刚才相反方向的坐标轴键
空运行 [空运行]	在自动方式下,按下[空运行]键(指示灯亮),程序中编制的进给速率被忽略,坐标轴以最大快移速度移动
程序跳段 [程序跳段]	自动加工时,系统可跳过某些指定的程序段。如在某程序段首加上"/",且面板上按下[程序跳段]开关,则在自动加工时,该程序段被跳过不执行;而当释放[程序跳段]开关时,"/"不起作用,该段程序被执行
[选择停]	选择停
机床锁住 [机床锁住]	用来禁止机床坐标轴移动。显示屏上的坐标轴仍会发生变化,但机床停止不动

二、人工手动操作

1. 返回机床参考点

进入系统后首先应将机床各轴返回参考点。

操作步骤如下:

按下按键[回参考点](指示灯亮),即"回参考点"。

按下"+X"按键,使 X 轴返回参考点。

按下"+Z"按键,使 Z 轴返回参考点。

2. 手动移动机床坐标轴

（1）点动进给。

按下"手动"按键（指示灯亮），系统处于点动运行方式；

选择进给速度。按住"+X"或"–X"按键（指示灯亮），X 轴产生正向或负向连续移动；松开"+X"或"–X"按键（指示灯灭），X 轴减速停止。依同样方法，按下"+Z"或"–Z"按键，使 Z 轴产生正向或负向连续移动。

（2）点动快速移动。

在点动进给时，先按下"快进"按键，然后再按坐标轴按键，则该轴将产生快速运动。

（3）点动进给速度选择。

进给速率为系统参数"最高快移速度"的 1/3 乘以进给修调选择的进给倍率。

快速移动的进给速率为系统参数"最高快移速度"乘以快速修调选择的快移倍率。

进给速度选择的方法为：

按下进给修调或快速修调右侧的"100%"按键（指示灯亮），进给修调或快速修调倍率被置为 100%；按下"+"按键，修调倍率增加 10%，按下"–"按键，修调倍率递减 10%。

（4）增量进给。

按下"增量"按键（指示灯亮），系统处于增量进给运行方式；

按下增量倍率按键（指示灯亮）；

按下"+X"或"–X"按键，使 X 轴向正向或负向移动一个增量值；

按下"+Z"或"–Z"按键，使 Z 轴向正向或负向移动一个增量值。

（5）增量值选择。

增量值的大小由选择的增量倍率按键来决定。增量倍率按键有四个挡位：×1、×10、×100、×1 000。增量倍率按键和增量值的对应关系见表 2。

当系统在增量进给运行方式下，增量倍率按键选择的是"×1"按键时，则每按一下坐标轴，该轴移动 0.001 mm。

3. 手动控制主轴

（1）主轴正反转及停止。

确保系统处于手动方式下，设定主轴转速：

按下"主轴正转"按键（指示灯亮），主轴以机床参数设定的转速正转；

按下"主轴反转"按键（指示灯亮），主轴以机床参数设定的转速反转；

按下"主轴停止"按键（指示灯亮），主轴停止运转。

（2）主轴速度修调。

主轴正转及反转的速度可通过主轴修调调节：

按下主轴修调右侧的"100%"按键（指示灯亮），主轴修调倍率被置为 100%；

按下"+"按键，修调倍率增加 10%，按下"–"按键，修调倍率递减 10%。

4. 刀位选择和刀位转换

确保系统处于手动方式下，按下"刀位选择"按键，选择所使用的刀，这时显示窗口右下方的"辅助机能"里会显示当前所选中的刀号。例如图 6 中选择的刀号为 ST01。

图6　选择刀号

按下"刀位转换"按键,转塔刀架转到所选到的刀位。

5. 机床锁住

在手动运行方式下,按下"机床锁住"键,然后再进行手动操作,系统执行命令,显示屏上的坐标轴位置信息变化,但机床不动。

6. MDI 运行

(1)进入 MDI 运行方式。

在系统控制面板(图2)上,按下菜单键中左数第4个按键——"MDI F4"按键,进入MDI 功能子菜单。

在 MDI 功能子菜单下,按下左数第6个按键——"MDI 运行 F6"按键,进入 MDI 运行方式,如图7所示。

图7　MDI 功能子菜单

这时就可以在 MDI 一栏后的命令行内输入 G 代码指令段。

(2)输入 MDI 指令段。

MDI 指令段有两种输入方式:一次输入多个指令字;多次输入,每次输入一个指令字。

例如,要输入"G00 X100 Z1000",可以直接在命令行输入"G00 X100 Z1000",然后按 Enter 键,这时显示窗口内 X、Z 值分别变为 100、1 000。

在命令行先输入"G00",按 Enter 键,显示窗口内显示"G00";再输入"X100"按 Enter 键,显示窗口内 X 值变为 100;最后输入"Z1000",然后按 Enter 键,显示窗口内 Z 值变为 1 000。

输入指令时,可以在命令行看见当前输入的内容,在按 Enter 键之前发现输入错误,可用 BS 按键将其删除。当按了 Enter 键后发现输入错误或需要修改时,只需重新输入一次指令,新输入的指令将会自动覆盖旧的指令。

(3)运行 MDI 指令段。

输入完成一个 MDI 指令段后,按下操作面板上的"循环启动"按键,系统即开始运行所输入的指令。

三、自动运行操作

1. 进入程序运行菜单

在数控系统控制面板(图2)上,按下"自动加工 F1"按键,进入程序运行子菜单,如图8所示。

在程序运行子菜单下，可以自动运行零件程序。

图8 程序运行子菜单

2. 选择运行程序

按下"程序选择 F1"按键，会弹出一个含有两个选项的菜单(图9)：磁盘程序、正在编辑的程序。

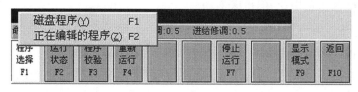

图9 程序选择 F1 子菜单

当选择了"磁盘程序"时，会出现 Windows 打开文件窗口，用户在电脑中选择事先做好的程序文件，选中并按下窗口中的"打开"键将其打开，这时显示窗口会显示该程序的内容。

当选择了"正在编辑的程序"，如果当前没有选择编辑程序，系统会弹出提示框，说明当前没有正在编辑的程序。否则显示窗口会显示正在编辑的程序内容。

3. 程序校验

打开要加工的程序，按下机床控制面板上的"自动加工 F1"键，进入程序运行方式；

在程序运行子菜单下，按"程序校验 F3"按键，程序校验开始；

如果程序正确，校验完成后，光标将返回到程序头，并且显示窗口下方的提示栏显示提示信息，说明没有发现错误。

4. 启动自动运行

选择并打开零件加工程序；

按下机床数控系统控制面板上的"自动"按键(指示灯亮)，进入自动运行方式；

按下机床数控系统控制面板上的"循环启动"按键(指示灯亮)，机床开始自动运行当前的加工程序。

5. 单段运行

按下机床控制面板上的"单段"按键(指示灯亮)，进入单段自动运行方式；

按下"循环启动"按键，运行一个程序段，机床就会减速停止，刀具、主轴均停止运行；

再按下"循环启动"按键，系统执行下一个程序段，执行完成后再次停止。

四、程序编辑和管理

1. 进入程序编辑菜单

在系统控制面板(图2)上，按下"程序编辑 F2"按键，进入编辑功能子菜单，如图10

所示。

图10　"编辑功能"子菜单

在编辑功能子菜单下,可对零件程序进行编辑等操作。

2. 选择编辑程序

按下"选择编辑程序 F2"按键,会弹出一个含有三个选项的菜单(图11):磁盘程序、正在加工的程序、新建程序。

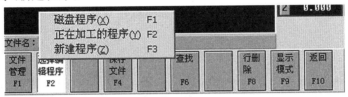

图11　"选择编辑程序 F2"子菜单

当选择了"磁盘程序"时,会出现 Windows 打开文件窗口,用户在计算机中选择事先做好的程序文件,选中并按下窗口中的"打开"键将其打开,这时显示窗口会显示该程序的内容。

当选择了"正在加工的程序",如果当前没有选择加工程序,系统会弹出提示框,说明当前没有正在加工的程序。否则显示窗口会显示正在加工的程序的内容。如果该程序正处于加工状态,系统会弹出提示,提醒用户先停止加工再进行编辑。

当选择了"新建程序",这时显示窗口的最上方出现闪烁的光标,这时就可以开始建立新程序了。

3. 编辑当前程序

在进入编辑状态、程序被打开后,可以将控制面板上的按键结合计算机键盘上的数字和功能键进行编辑操作。

删除:将光标落在需要删除的字符上,按电脑键盘上的 Delete 键删除错误的内容。

插入:将光标落在需要插入的位置,输入数据。

查找:按下菜单键中的"查找 F6"按键,弹出对话框,在"查找"栏内输入要查找的字符串,然后按"查找下一个",当找到字符串后,光标会定位在找到的字符串处。

删除一行:按"行删除 F8"键,将删除光标所在的程序行。

将光标移到下一行:按下数控系统控制面板上的上下箭头键　。每按一下箭头键,窗口中的光标就会向上或向下移动一行。

4. 保存程序

按下"选择编辑程序 F2"按键;

在弹出的菜单中选择"新建程序";

弹出提示框,询问是否保存当前程序,按"是"确认并关闭对话框。

五、数控车床对刀基础知识

加工一个零件往往需要几把不同的刀具,而每把刀具在加工过程中,转至切削方位时,其刀尖所处的位置并不相同。对刀的实质就是测出各把刀的位置差,将各把刀的刀尖统一到同一工件坐标系下的某个固定位置,以使它们的刀尖点均能按同一工件坐标系指定的坐标移动。对于采用相对式测量的数控机床,刀架回参考点后,CRT 上都会显示出一组固定的 X、Z 坐标值,但此时显示的坐标值是刀架基准点(刀架参考点)在机床坐标系下的坐标,而不是所选刀具刀尖点在机床坐标系下的坐标值。对刀的过程就是将所选刀的刀尖点与 CRT 上显示的坐标统一起来。下面将数控车床对刀常用方法分为以下 4 种介绍。

1. 试切法

试切法主要用于闭环或开环控制的数控车床。经济型数控车床试切对刀过程,如图 12 所示。当机床返回参考点后,试切工件外圆,测得直径为 $\phi 60.368$(X 轴方向刀尖的实际位置),但此时 CRT 上显示的坐标值却为 X267.126(刀架基准点在机床坐标系下的 X 轴方向的坐标值),这两个值要记住。然后,刀具移开外圆试切端面,此时,刀尖的实际位置可认为是 Z0.000(工件原点在右端面),但此时,CRT 上显示的坐标值为 Z286.312(刀架基准点在机床坐标系下 Z 轴方向的坐标值),这两个坐标值也要记住。为了将刀尖的实际位置调整到图示工件坐标系下的 X300.000,Z400.000 位置,即刀尖相当于要从 X60.368,Z0.000 移动到 X300.000,Z400.000,为此刀尖在 X 轴和 Z 轴方向分别需要移动 239.632(300.0-60.368)和 400.000(400.0-0.0)的距离。移动 X、Z 轴,使 CRT 上显示的坐标值变为 X(267.126+239.632=506.758)506.758,Z(286.312+400=686.312)686.312,这时刀尖便在工件坐标系下的 X300.000,Z400.000 处了,执行程序 G50　X300.0　Z400.0,刀架不移动,CRT 上的显示值则立即变为 X300.000,Z400.000,至此刀尖的实际位置与 CRT 上的显示值统一了,且统一在工件坐标系下。

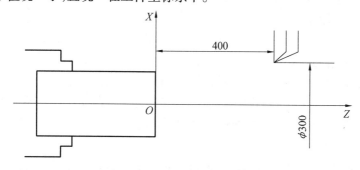

图 12　试切法确定工件坐标系

上述是一把刀的对刀过程。当使用多把刀具加工时,在确定 G50 位置前,应先测出各把刀在 X、Z 方向的偏移量,将其作为刀具补偿值输入系统内,然后选中一把基准刀确定 G50 的位置,建立一个统一的工件坐标系。在实际工作中为了反复使用这把基准刀(保留基准以便能准确测量其他刀具的磨损量),基准刀一般不使用,有时也可选一标准轴做基准刀。对于全功能型数控车床,对刀时,可将刀具(包括基准刀)进行如图12所示的试切,每把刀试切时将实际测得的 X 值和 Z 值在刀具调整画面下直接输入,系统会自动计算出每把刀的位置差,而不必人为计算后再输入。

2. 机内对刀

机内对刀一般是用刀具触及一个固定的触头,测出刀偏量,并修正刀具偏移量,但不是所有数控车床都具有此功能。

3. 机外对刀仪对刀

对刀仪既可测量刀具的实际长度,又可测量刀具之间的位置差。对于数控车床,一般采用对刀仪测量刀具之间的位置差,将各把刀的刀尖对准对刀仪的十字线中间,以十字线为基准测得各把刀的刀偏量(X、Z 两个方向)。

4. 利用参考点位置对刀

通过数控系统参数设定功能或调整机床各坐标轴的机械挡块位置,将参考点设置在与起刀点相对应的对刀参考点上。这样机床再回参考点操作时,就能使刀尖到达起刀点位置。

Ⅲ　数控车床的操作规程与维护保养

一、操作者安全操作规程

在生产中一定要注意安全,除了在车床配备安全装置外,操作者还必须遵守安全规则,以防止工伤事故发生,一般应做到:

①操作前要戴好防护用品,穿工作服或紧衣服,袖口应扎紧,操作时严禁戴手套。

②工作时,头不能离工件太近,以防止切屑飞进眼睛,当高速切削或切屑细而飞散时,必须戴上护目镜。

③注意手、身体和衣服不能靠近正在旋转的机件,如皮带轮、皮带、齿轮等。

④凡装卸工件、更换刀具、测量加工表面及变换速度时,必须先停车。

⑤车床开动时不得用手去摸工作表面,尤其是加工螺纹工件,严禁用手抚摸螺纹面。

⑥工件和车刀必须装夹得很牢固,避免飞出伤人。加工中吃刀不可过猛,毛坯从主轴的尾端伸出不得过长,并要做标记,以防止伤人或甩弯后碰坏其他东西,车偏心时应加配重块平衡。

⑦停车时,不可用手去刹住动的卡盘。

⑧不许用手直接清除切屑,尤其在高速切削时,严禁用手拉断铁屑,应该用专用的钩子清除。

⑨组织好工作位置,工具、量具摆放在固定位置上。

二、数控车床日常的维护保养

为了减少数控机床故障的发生,延长机床的平均无故障时间,数控机床的编程、操作和维修人员必须经过专门的技术培训,具有机械加工工艺、液压、测量、自动控制等方面的知识,才能全面了解和掌握数控机床,才能做好数控机床的维护保养工作。

1. 数控车床日常维护保养内容和要求

数控车床操作人员要严格遵守操作规程和车床日常维护及保养制度,严格按车床和系统说明书的要求正确、合理操作,尽量避免因操作不当影响数控车床使用。

①每天进行导轨润滑,检查油箱的油标、油量,及时添加润滑油,查看润滑泵能否及时启动打油及停止。X、Z轴向导轨面清除切屑及脏物,检查润滑油是否充实,导轨面有无划伤损坏。

②每天检查压缩空气源,检查气动控制系统压力,应在正常范围内。

③每天检查液压平衡系统,平衡压力指示正常,快速移动时平衡阀工作正常。

④每天检查气动转换器和增压器油面,发现油面不够时及时补足油量。

⑤每天检查主轴润滑恒温油箱,工作正常,油量充足,工作范围合适。

⑥每天检查车床液压系统,油箱、油泵无异常噪声,压力表指示正常,管路及各接头无泄漏,工作油面高度正常。

⑦每天检查电气柜各散热通风装置,各电气柜冷却风扇工作正常,风道过滤网无堵塞。

⑧每天检查 CNC 输入/输出装置,检查 I/O 设备清洁,机械结构润滑良好。

⑨每天检查各种防护装置,导轨、机床防护罩等应无松动、漏水。

⑩每周检查各电气柜过滤网,清洗各电气柜过滤网。

⑪定期检查冷却油箱、水箱,随时检查液面高度,及时添加油或水,太脏时需要更换清洗油箱、水箱和过滤器。

⑫不定期检查废油池,及时取走存集的废油,避免溢出。

⑬不定期检查排屑器,经常清理切屑,检查有无卡住等。

⑭不定期检查主轴驱动皮带,要按说明书要求调整皮带松紧度,若皮带破损应及时更换。

⑮定期检查各轴导轨上镶条、压紧滚轮,根据机床说明书调整松紧状态。

⑯每半年检查珠丝杠,清洗丝杠上旧的润滑脂,涂上新油脂。

⑰每半年检查液压油路,清洗溢流阀、减压阀、滤油器、油箱,更换或过滤液压油。

⑱每年检查主轴润滑恒温油箱,清洗过滤器、更换润滑油。

⑲每年检查并更换直流伺服电机电刷,检查换向器表面,吹净炭粉,去除毛刺,更换长度过短的电刷。

⑳每年检查润滑油泵、过滤器,清理润滑油池底,更换滤油器。

2. 机械结构日常维护

数控车床具有集机、电、液为一体的自动化机床,经各部分的执行功能最后共同完成机械执行机构的移动、转动、夹紧、松开、变速和换刀等各种动作,做好数控车床的机械执行机构日常维护保养将直接影响机床性能。数控车床机械结构日常维护主要包括机床本体、主轴部件、滚珠丝杠螺母副、导轨副等。

（1）外观保养。

① 每天做好机床清扫卫生,清扫铁屑,擦干净导轨部位的冷却液。下班时将所有的加工面抹上机油防锈,防止导轨生锈。

② 每天注意检查导轨、机床防护罩是否齐全有效。

③ 每天检查机床内外有无磕、碰、拉伤现象。

④ 定期清除各部件切屑、油垢,做到无死角,保持内外清洁,无锈蚀。

（2）主轴的维护。

在数控车床中,主轴是最关键的部件,对机床的加工精度起着决定性作用。它的回转精度影响到工件的加工精度,功率大小和回转速度影响到加工效率。主轴部件机械结构的维护主要包括主轴支承、传动、润滑等。

① 定期检查主轴支承轴承。轴承预紧力不够,或预紧螺钉松动,游隙过大,会使主轴产生轴向窜动,应及时调整。轴承拉毛或损坏应及时更换。

② 定期检查主轴润滑恒温油箱,及时清洗过滤器,更换润滑油等,保证主轴有良好的润滑。

③ 定期检查齿轮轮对,若有严重损坏,或齿轮啮合间隙过大,应及时更换齿轮或调整啮合间隙。

④ 定期检查主轴驱动皮带,应及时调整皮带松紧程度或更换皮带。

（3）滚珠丝杠螺母副的维护。

滚珠丝杠传动由于其有传动效率高、传动精度高、运动平稳、寿命长及可预紧消隙等优点,因此在数控车床使用广泛。其日常维护保养包括以下几个方面:

① 定期检查滚珠丝杠螺母副的轴向间隙。一般情况下可以用控制系统自动补偿来消除间隙,当间隙过大时,可以通过调整滚珠丝杠螺母副来保证。数控车床滚珠丝杠螺母副多数采用双螺母结构,可以通过双螺母预紧消除间隙。

② 定期检查丝杠防护罩,以防止尘埃和磨粒黏结在丝杠表面,影响丝杠使用寿命和精度,发现丝杠防护罩破损应及时维修和更换。

③ 定期检查滚珠丝杠螺母副的润滑。滚珠丝杠螺母副润滑剂可以分为润滑脂和润滑油两种。润滑脂每半年更换一次,清洗丝杠上的旧润滑脂,涂上新的润滑脂;用润滑油的滚珠丝杠螺母副,可在机床工作前加油润滑。

④ 定期检查支承轴承。应定期检查丝杠支承轴承与机床连接是否有松动,以及支承轴承是否损坏等,如有要及时紧固松动部位并更换支承轴承。

⑤ 定期检查伺服电动机与滚珠丝杠之间的连接。伺服电动机与滚珠丝杠之间的连接必须保证无间隙。

（4）导轨副的维护。

导轨副是数控车床的重要的执行部件,常见的有滑动导轨和滚动导轨。导轨副的维护一般是不定期的,主要包括以下几个方面:

① 检查各轴导轨上镶条、压紧滚轮,保证导轨面之间有合理间隙。根据机床说明书调整松紧状态,间隙调整方法有压板调整间隙、镶条调整间隙和压板镶条调整间隙等。

② 注意导轨副的润滑。导轨面上进行润滑后,可以降低摩擦,减少磨损,并且可以防

止导轨生锈。根据导轨润滑状况及时调整导轨润滑油量,保证润滑油压力,保证导轨润滑良好。

③ 经常检查导轨防护罩,以防止切屑、磨粒或冷却液散落在导轨面上引起的磨损、擦伤和锈蚀。发现防护罩破损应及时维修和更换。

3. 数控系统的维护

数控系统是数控车床的核心,主要有两种类型:一是完全由硬件逻辑电路构成的专用硬件数控装置(NC 装置),二是由计算机硬件和软件组成的计算机数控装置(CNC 装置)。随着计算机技术的发展,目前数控装置主要是 CNC 装置。CNC 装置由硬件控制系统和软件控制系统组成,其日常维护主要包括以下几方面:

① 严格制定并且执行 CNC 系统的日常维护的规章制度。根据不同数控机床的性能特点,严格制定其 CNC 系统的日常维护规章制度,并且在使用和操作中要严格执行。

② 应尽量少开数控柜门和强电柜的门。在机械加工车间的空气中往往含有油雾、尘埃,它们一旦落入数控系统的印刷线路板或者电气元件上,则易引起元器件的绝缘电阻下降,甚至导致线路板或者电气元件的损坏。

③ 定时清理数控装置的散热通风系统,以防止数控装置过热。散热通风系统是防止数控装置过热的重要装置,为此,应每天检查数控柜上各个冷却风扇运转是否正常,每半年或者一季度检查一次风道过滤器是否有堵塞现象,如果有则应及时清理。

④ 注意 CNC 系统的输入/输出装置的定期维护。如 CNC 系统的输入装置中磁头的清洗。

⑤ 经常监视 CNC 装置用的电网电压。CNC 系统对工作电网电压有严格的要求。例如,FANUC 公司生产的 CNC 系统,允许电网电压在额定值的 85% ~110% 的范围内波动,否则会造成 CNC 系统不能正常工作,甚至会引起 CNC 系统内部电子元件的损坏。

⑥ 存储器电池的定期检查和更换。CNC 系统中部分 CMOS 存储器中的存储内容在断电时靠电池供电保持,一般采用锂电池或者可充电的镍镉电池,当电池电压下降到一定值时,就会造成数据丢失,因此要定期检查电池电压。当电池电压下降到限定值或者出现电池电压报警时,就要及时更换电池。更换电池时一般要在 CNC 系统通电状态下进行,这才不会造成存储参数丢失。所以机床参数要做好备份,一旦数据丢失,在更换电池后,可重新输入参数。

⑦ 软件控制系统日常维护时,一定不能随意更改机床参数,若需要修改参数必须做好修改记录。

任务一　直线外形轴类零件的数控加工

任　务　单

学习领域	数控加工——数控车削加工
实训任务描述	直线外形轴类零件的数控加工(图1.1)
学习目标	1. 能用数控车床加工普通轴类零件 2. 能编制数控加工工艺
学习内容	具体要求: 1. 能够按照操作规程启动及停止机床 2. 正确使用操作面板上的各种功能键 3. 能够通过操作面板手动输入加工程序及有关参数 4. 能够通过计算机输入加工程序 5. 能够进行程序的编辑、修改 6. 能够设定工件坐标系 7. 能够正确调入、调出所选刀具 8. 了解数控标准刀具的种类及编号规则,能正确选择加工圆柱面所使用的刀具及切削用量的确定 9. 掌握G00、G01、G80、G81指令格式及各功能字的含义,并能用这些指令编制数控加工程序 10. 能完成单件数控加工
具体任务简述	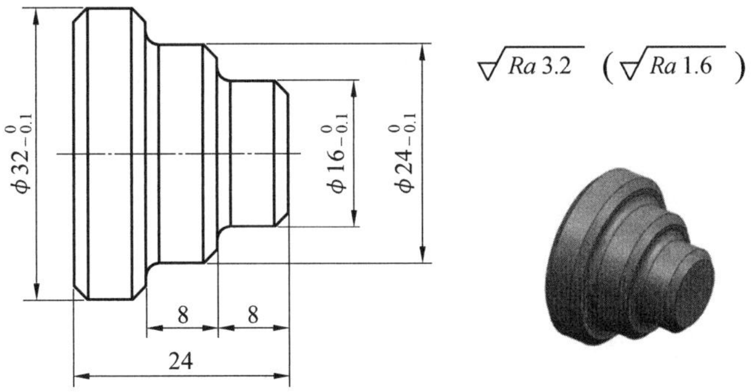 $\sqrt{Ra\,3.2}$　$\left(\sqrt{Ra\,1.6}\right)$ **技术要求** 1. 未注倒角均为$C1.5$; 2. 未注圆角半径$C1.5$; 3. 未注长度公差按± 0.1 图1.1　直线外形轴类零件图样

教学方法与手段	讲述、演示、讨论、实际操作					
教学资源	数控车床 数控外圆车刀、切槽刀 机械加工工艺人员手册					
对学生基础的 要求	掌握机械加工基础知识 了解常用金属材料的性能 了解热处理基本知识					
对教师的要求	掌握数控编程知识 熟练操作数控机床					
考核与评价	过程评定结合零件加工质量评定					
工作安排	资讯	计划	决策	实施	检查	评价
学时						

资　讯　单

学习领域	数控加工——数控车削加工
学习任务	直线外形轴类零件的数控加工
资讯方式	网络、资料室
资讯问题	1.加工图1.1所示的直线外形轴类零件时,数控车床的操作步骤有哪些 2.该零件加工的走刀路线顺序是什么 3.若该零件的材料为铝合金,可选择什么样的刀具材料 4.加工该零件时应选用哪些类型的刀具 5.轴类零件的常用材料45#钢的切削性能怎样 6.加工该零件需要哪些编程指令?它们的格式是什么 7.测量该零件可采用哪些量具 8.数控车床的日常维护要点有哪些 9.操作数控车床时应遵循哪些安全注意事项 10.怎样评价本组完成任务的情况
资讯引导	参考资料:《机械加工手册》《数控加工工艺》《互换性与测量技术》《机械加工企业职工操作规范手册》等
资讯问题 的解决	

知 识 链 接

1. 数控机床的坐标系

在数控机床上加工零件,刀具与工件的相对运动是以数字的形式体现的。因此,必须建立相应的坐标系,才能明确刀具与工件的相对位置。数控机床的坐标系包括坐标原点、坐标轴和运动方向。

由于工件在数控机床上加工的工艺内容多、工序集中,所以每个数控编程员和数控机床的操作者,都必须对数控机床的坐标系有一个完整且正确的理解。否则,程序编制将发生错误,操作机床时也会发生事故。为了简化数控编程和使数控系统规范化,国际标准化组织(ISO)对数控机床规定了标准坐标系。

(1)标准坐标系。

国际标准和我国颁布标准中,均规定了数控机床的坐标系采用笛卡儿右手直角坐标系,如图 1.2 所示。基本坐标轴为 X、Y、Z 轴,它与机床的主要导轨相平行,相对于每个坐标轴的旋转运动坐标分别为 A、B、C。

基本坐标轴 X、Y、Z 的关系及其正方向用右手直角定则判定。拇指为 X 轴,食指为 Y 轴,中指为 Z 轴,其正方向为各手指指向,并分别用 $+X$、$+Y$、$+Z$ 来表示。围绕 X、Y、Z 各轴的旋转运动及其正方向用右手螺旋定则判定,拇指指向 X、Y、Z 轴的正方向,四指弯曲的方向为对应各轴的旋转正方向,并分别用 $+A$、$+B$、$+C$ 来表示。与正方向相反的坐标轴分别用 $+X'$、$+Y'$、$+Z'$、$+A'$、$+B'$、$+C'$ 表示。

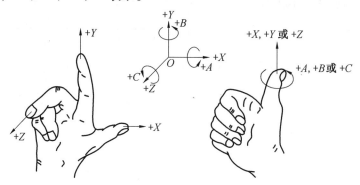

图 1.2　笛卡儿右手直角坐标系

(2)坐标轴及其运动方向。

①ISO 标准规定:不论数控机床的具体结构是工件静止、刀具运动,还是刀具静止、工件运动,都假定工件不动,刀具相对于静止的工件运动。

机床坐标系 X、Y、Z 轴的判定顺序为:先 Z 轴,再 X 轴,最后按右手定则判定 Y 轴。

增大刀具与工件之间距离的方向为机床运动的正方向。

②坐标轴的判定方法。

a. 先确定 Z 轴。平行于主轴轴线的坐标轴为 Z 轴,刀具远离工件的方向为 Z 轴的正方向,如图 1.3 所示。坐标轴名中($+X$、$+Y$、$+Z$、$+A$、$+B$、$+C$)不带"'"的表示刀具相对工件运动的正方向,带"′"的表示工件相对刀具运动的正方向。

b.再确定 X 轴。X 轴为水平方向且垂直于 Z 轴并平行于工件的装夹面。工件旋转运动的机床(如车床、外圆磨床),X 轴的运动方向是径向的,与横向导轨平行。刀具离开工件旋转中心的方向是正方向。对于刀具旋转的机床,若 Z 轴为水平(如卧式铣床、镗床),则沿刀具主轴后端向工件方向看,右手平伸出方向为 X 轴正向;若 Z 轴为垂直(如立式铣、镗床,钻床),则从刀具主轴向床身立柱方向看,右手平伸出方向为 X 轴正向。

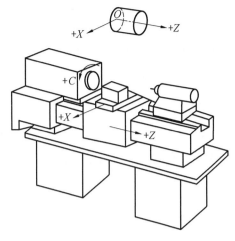

图 1.3　数控车床坐标系

c.最后确定 Y 轴。Y 轴为与 X 轴和 Z 轴都垂直的坐标轴。Y 轴正方向用右手螺旋定则判定。

③附加坐标系。为了编程和加工方便,有时还需要设置附加坐标系。

对于直线运动,通常建立的附加坐标系有:

a.指定平行于 X、Y、Z 的坐标轴。可以采用的附加坐标系为第二组 U、V、W 坐标,第三组 P、Q、R 坐标。

b.指定不平行于 X、Y、Z 的坐标轴。也可以采用的附加坐标系为第二组 U、V、W 坐标,第三组 P、Q、R 坐标。

(3)机床坐标系与工件坐标系。

①机床坐标系。机床坐标系是机床上固有的坐标系,是用来确定工件坐标系的基本坐标系,并建立在机床原点上。

②机床原点。数控机床上都有一个基准位置,称为机床原点,是机床制造商设置在机床上的一个物理位置,其作用是使机床与控制系统同步,建立测量机床运动坐标的起始点。机床原点一般设在主轴正极限位置的一基准点上。

③机床参考点。机床参考点也是数控机床上一个固定点,通常不同于机床原点。它是用于对机床工作台(或滑板)与刀具相对运动的测量系统进行定标与控制的点,一般都是设定在各轴正向行程极限点的位置上。一般机床工作前,必须进行回参考点动作,各坐标轴回零,才可建立机床坐标系。参考点的位置可以通过调整机械挡块的位置来改变。每次开机启动后,或当机床因意外断电、紧急制动等原因停机而重新启动时,都应该先让各轴返回参考点,进行一次位置校准,以消除上次运动所带来的位置误差。

④工件坐标系。在对零件图形进行编程计算时,必须建立用于编程的坐标系,工件坐标系也称编程坐标系,坐标原点就称为工件原点。在编程时编程人员只需针对不同工件在零件图上建立工件坐标系而无需考虑具体机床型号等因素,有利于编程。工件坐标系的原点是由编程人员确定的,一般按如下原则选取:

a.工件原点应选在工件图样的尺寸基准上。这样可以直接用图纸标注的尺寸作为编程点的坐标值,减少数据换算的工作量。

b. 能使工件方便地装夹、测量和检验。

c. 尽量选在尺寸精度、光洁度比较高的工件表面上,这样可以提高工件的加工精度和同一批零件的一致性。

d. 对于有对称几何形状的零件,工件原点最好选在对称中心点上。

通常情况下,数控车床加工零件时工件坐标系的原点定在工件右端面的回转中心处;数控铣床加工零件时,工件坐标系的原点定在工件上表面、左端面和前面的交点处或上表面的对称中心上。对于形状较复杂的工件,有时为编程方便可根据需要通过相应的程序指令随时改变新的工件坐标原点;对于一个工作台上装夹加工多个工件的情况,在机床功能允许的条件下,可分别设定编程原点独立地编程,再通过工件原点预置的方法在机床上分别设定各自的工件坐标系。而要把程序应用到机床上,程序原点应该放在工件毛坯的什么位置,其在机床坐标系中的坐标是多少,这些都必须让机床的数控系统知道,这一操作就是对刀。

2. 数控车床的编程特点

(1)工件坐标系。

工件坐标系应与机床坐标系的坐标方向一致,X 轴对应径向,Z 轴对应轴向,C 轴(主轴)的运动方向则以从机床尾架向主轴看,逆时针为 $+C$ 向,顺时针为 $-C$ 向。

工件坐标系的原点选在便于测量或对刀的基准位置,一般在工件的右端面或左端面上。

(2)直径编程方式。

在车削加工的数控程序中,X 轴的坐标值取为零件图样上的直径值,如图 1.4 所示,图中 A 点的坐标值为(30,80),B 点的坐标值为(40,60)。采用直径尺寸编程与零件图样中的尺寸标注一致,这样可避免尺寸换算过程中可能造成的错误,给编程带来很大方便。

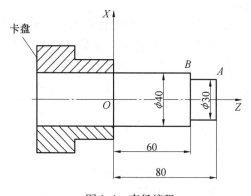

图 1.4　直径编程

(3)进刀和退刀方式。

对于车削加工,进刀时采用快速走刀接近工件切削起点附近的某个点,再改用切削进给,以减少空走刀的时间,提高加工效率。切削起点的确定与工件毛坯余量大小有关,应以刀具快速走到该点时刀尖不与工件发生碰撞为原则。

3. 常用的准备功能

准备功能又称"G"功能或"G"代码,它是建立机床或控制系统工作方式的一种命令,表示机床的加工方式,由地址 G 及其后的两位数字组成。常用准备功能见表 1.1。

表 1.1 常用准备功能

代码	组	意义	代码	组	意义	代码	组	意义
＊G00	01	快速点定位	＊G40	07	刀补取消	G73	00	车闭环复合循环
G01		直线插补	G41		左刀补	G76		车螺纹复合循环
G02		顺圆插补	G42		右刀补	G80	01	车外圆固定循环
G03		逆圆插补	G52	00	局部坐标系设置	G81		车端面固定循环
G32		螺纹切削	G54 ~ G59	11	零点偏置	G82		车螺纹固定循环
G04	00	暂停延时				＊G90	03	绝对坐标编程
G20	02	英制单位	G65	00	简单宏调用	G91		增量坐标编程
＊G21		公制单位	G66	12	宏指令调用	G92	00	工件坐标系指定
G27	06	回参考点检查	G67		宏调用取消	＊G98	05	每分钟进给方式
G28		回参考点	G71	00	车外圆复合循环	G99		每转进给方式
G29		参考点返回	G72		车端面复合循环			

注:① 表内 00 组为非模态指令,只在本程序段内有效。其他组为模态指令,一次指定后持续有效,直到被本组其他代码所取代。
② 标有 ＊ 的 G 代码为数控系统通电启动后的默认状态。

4. 常用的辅助功能

辅助功能又称"M"功能,主要用来表示机床操作时各种辅助动作及其状态,由地址 M 及其后的两位数字组成。常用的辅助功能见表 1.2。

表 1.2 常用的辅助功能

序号	代码	功能	序号	代码	功能
1	M00	程序停止	10	M11	车螺纹直退刀
2	M01	选择停止	11	M12	误差检测
3	M02	程序结束	12	M13	误差检测取消
4	M03	主轴正转	13	M19	主轴准停
5	M04	主轴反转	14	M20	ROBOT 工作启动
6	M05	主轴停止	15	M30	纸带结束
7	M08	切削液开	16	M98	调用子程序
8	M09	切削液关	17	M99	返回主程序
9	M10	车螺纹 45 退刀			

由于数控机床的厂家很多,每个厂家使用的 G 功能和 M 功能有所不同,因此对不同数控机床必须根据其说明书的规定进行编程。

常用的辅助功能简要说明如下。

(1)程序停止 M00。

M00 实际上是一个暂停指令。当执行有 M00 指令的程序段后,主轴的转动、进给、切削液都将停止。它与单程序段停止相同,模态信息全部被保存,以便进行某一手动操作,如换刀、测量工件的尺寸等。重新启动机床后,继续执行后面的程序。

(2)选择停止 M01。

与 M00 的功能基本相同,只有在按下"选择停止"键后,M01 才有效,否则机床继续执行后面的程序段。按下"启动"键后,继续执行后面的程序。

(3)程序结束 M02。

该指令编在程序的最后一段,表示执行完程序内所有指令后,主轴进给停止,切削液关闭,机床处于复位状态,但程序结束后不返回到程序的开头位置。

(4)程序结束 M30。

使用 M30 时,除执行 M02 的功能之外,还自动返回到程序的第一条语句,准备下一个工件的加工。

5. F、T、S 功能

(1)F 功能。

F 功能指定进给速度,由地址 F 和其后面的数字组成。其单位有 2 种形式,分为每转进给单位为 mm/r 和每分钟进给单位为 mm/min。

(2)T 功能。

T 功能是指令数控系统进行选刀或换刀。用地址 T 和其后的数字指定刀具号和刀具补偿号。有的机床 T 后只允许跟 2 位数字,即只表示刀具号,刀具补偿则由其他指令表示。有的机床 T 后则允许跟 4 位数字,前 2 位表示刀具号,后 2 位表示刀具补偿号。

例如:T0211 表示用第二把刀具,其刀具偏置及补偿量等数据在第 11 号地址中。

(3)S 功能。

S 功能指定主轴转速或速度,用地址 S 和其后的数字组成。例如,S100 表示主轴转速是 100 r/min。

实际加工时,S 功能还受到机床面板上的主轴速度修调倍率开关的影响。按公式:

$n = \dfrac{1\ 000 v_c}{\pi D}$,可根据某材料查得切削速度 v_c,然后即可求得 n。例如:若要求车直径为 60 mm的外圆时切削速度控制到 48 mm/min,则换算得 $n=250$ r/min(转/分),则在程序中指令为 S250。

F 功能、T 功能、S 功能均为模态代码。

6. 绝对编程方式和增量编程方式

绝对编程是指程序段中的坐标点值均是相对于坐标原点计量的,常用 G90 指定。增量(相对)编程是指程序段中的坐标点值均是相对于起点计量的,常用 G91 指定。如对

图1.5所示的直线段 *AB* 编程为

　　绝对编程:G90　G01　X100.0 Z50.0;

　　增量编程:G91　G01　X60.0 Z-100.0;

　　注:在某些机床中用 X、Z 表示绝对编程,用 U、W
表示相对编程,允许在同一程序段中混合使用绝对和
相对编程方法,如图 1.5 中直线 *AB*,可用:

　　绝对编程:G01　X100.0 Z50.0;

　　相对编程:G01　U60.0 W-100.0;

　　混用编程:G01　X100.0 W-100.0;

　　　或　G01　U60.0 Z50.0;

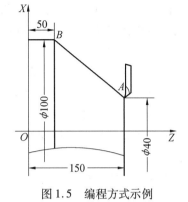

图 1.5　编程方式示例

7. 直线加工

(1)快速定位(点定位)指令 G00。

G00 指令使刀具以点位控制方式从刀具所在点快速移动到目标点,又称点定位。它
只是快速定位,无运动轨迹要求,常见 G00 运动轨迹如图 1.6 所示,从 *A* 到 *B* 有以下 4 种
方式:直线 *AB*,直角线 *ACB*,直角线 *ADB*,折线 *AEB*。G00 移动速度是机床设定的空行程
速度,与程序段中进给速度无关。G00 指令是模态代码,其指令格式为

　　G00　X(U)＿ Z(W)＿

其中X(U)Z(W)是目标点(刀具运动的终点的坐标),其
数值当用绝对值编程时,刀具分别以各轴的快速进给运动
到工件坐标系(*X*,*Z*)点。当用增量值编程时,刀具以各轴
的快速进给速度,运动到距离现有位置为(*X*,*Z*)的点。刀
具整个运动轨迹一般不是直线,而是两条线段的组合。

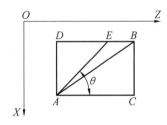

图 1.6　常见 G00 运动轨迹

实际编程时采用哪种坐标方式由数控车床当时的状
态设定。

注意:车削时,快速定位目标点不能直接选在工件上,一般要离开工件表面1~2 mm。
刀具实际的运动路线不是直线,而是折线,首先刀具以快速进给速度运动到点(60,60),
然后再运动到点(60,100),所以使用 G00 指令时要注意刀具是否和工件及夹具发生干
涉,忽略这一点,就容易发生碰撞事故。

在使用 G00 时,轴移动速度不能由 F 代码指定,只受快速修调倍率的影响。一般的,
G00 代码段只能用于工件外部的空程行走,不能用于切削行程中。

(2)直线插补指令 G01。

G01 指令使刀具,从所在点出发,在两坐标或三坐标间以插补联动方式按指定的 F 进
给速度直线移动到目标点。G01 指令是模态(续效)指令。

其指令格式为

　　G01　X(U)＿ Z(W)＿ F＿

说明:

①G01 指令后的坐标值取绝对值编程还是取增量值编程由尺寸字地址(X、Z、U、W)
决定,有的数控车床由数控系统当时的状态(G90、G91)决定。

②进给速度由 F 指令决定。F 指令也是模态指令,它可以用 G00 指令取消,如果在 G01 程序段之前的程序中没有 F 指令,而现在的 G01 程序段中也没有 F 指令,则机床不运动。因此,G01 程序中必须含有 F 指令。

(3)单一固定循环。

固定循环是预先给定一系列操作,用来控制机床位移或主轴运转,从而完成各项加工。对数控车床而言,一次走刀不能加工完成的轮廓表面或加工余量较大的轮廓表面,一般采用循环编程,可以缩短程序段的长度,减少程序所占内存。固定循环一般分为单一形状固定循环和复合形状固定循环。单一形状固定循环可以将一系列连续加工动作,如"切入→切削→退刀→返回",用一个循环指令完成,从而简化程序。

①圆柱面或圆锥面切削循环。圆柱面或圆锥面切削循环是一种单一形状固定切削循环,圆柱面单一形状固定切削循环如图 1.7 所示,圆锥面单一形状固定切削循环如图 1.8 所示。

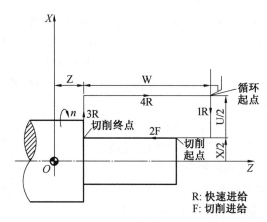

图 1.7　圆柱面单一形状固定切削循环

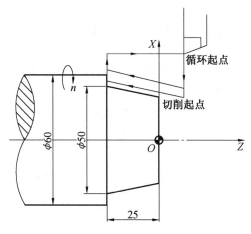

图 1.8　圆锥面单一形状固定切削循环

圆柱面切削循环指令格式为

G80　X(U)＿ Z(W)＿ F＿

式中　X、Z——圆柱面切削的终点坐标值；

　　　　U、W——圆柱面切削的终点相对于循环起点坐标分量。

　　圆锥面切削循环指令格式为

　　G80　X(U)＿Z(W)＿I＿F＿

式中　X、Z——圆锥面切削的终点坐标值；

　　　　U、W——圆柱面切削的终点相对于循环起点的坐标；

　　　　I——圆锥面切削的起点相对于终点的半径差。如果切削起点的 X 向坐标小于终点的 X 向坐标，I 值为负，反之为正。

　　②端面切削循环。端面切削循环是一种单一形状固定循环，适用于端面切削加工，如图 1.9 所示。

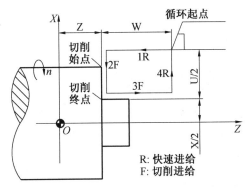

图 1.9　端面切削循环

　　平面端面切削循环指令格式为

　　G81　X(U)＿Z(W)＿F＿

式中　X、Z——端面切削的终点坐标值；

　　　　U、W——端面切削的终点相对于循环起点的坐标。

　　锥面端面切削循环，如图 1.10 所示。

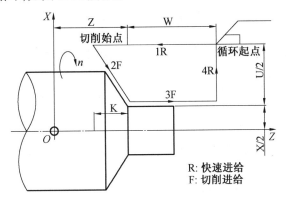

图 1.10　锥面端面切削循环

　　指令格式为

　　G81　X(U)＿Z(W)＿K＿F＿

式中　X、Z——端面切削的终点坐标值；

U、W——端面切削的终点相对于循环起点的坐标；

K——端面切削的起点相对于终点在 Z 轴方向的坐标分量。当起点 Z 向坐标小于终点 Z 向坐标时 K 为负，反之为正。

8. 数控加工工艺路线的设计

数控加工工艺路线设计与通用机床加工工艺路线设计的主要区别在于，它往往不是指从毛坯到成品的整个工艺过程，而仅是几道数控加工工序工艺过程的具体描述。因此在工艺路线设计中一定要注意到，由于数控加工工序一般都穿插于零件加工的整个工艺过程中，因而要与其他加工工艺衔接好。数控加工工艺路线设计中应注意以下几个问题。

（1）工序的划分。

根据数控加工的特点，数控加工工序的划分一般可按下列方法进行：

①以一次安装、加工作为一道工序。这种方法适合于加工内容较少的零件，加工完后就能达到待检状态。

②以加工部位划分工序。对于加工内容很多的工件，可按其结构特点将加工部位分成几个部分，如内腔、外形、曲面或平面，并将每部分的加工作为一道工序。

③按零件装夹定位方式与加工部位划分。由于每个零件结构形状不同，各表面的技术要求也有所不同，故加工时其定位方式各有差异。一般在加工外形时，以内形定位；在加工内形时，则以外形定位。因而可根据定位方式的不同划分工序。

④按所用刀具划分工序。为了减少换刀次数，压缩空程时间，减少不必要的定位误差，可按刀具集中工序的方法加工零件，即在一次装夹中，尽可能用同一把刀具加工完成所有可能加工到的部位，然后再换另一把刀具加工其他部位。在专用数控机床和加工中心上常采用此法。

⑤以粗、精加工划分工序。根据零件的加工精度、刚度和变形等因素来划分工序时，可按粗、精加工分开的原则划分工序，即先粗加工再精加工。此时，可用不同的机床或不同的刀具顺次同步进行加工。对单个零件要先粗加工、半精加工，而后精加工。或者一批零件，先全部进行粗加工、半精加工，最后再进行精加工。通常在一次安装中，不允许将零件某部分表面粗、精加工完毕后，再加工零件的其他表面，否则，可能会在对新的表面进行大切削量加工过程中，因切削力太大而引起已精加工完成的表面变形。

（2）顺序的安排。

加工顺序的安排应根据零件的结构和毛坯状况，以及定位、安装与夹紧的需要来考虑。顺序安排一般应按以下原则进行：

①上道工序的加工不能影响下道工序的定位与夹紧，中间穿插有通用机床加工工序的也应综合考虑。

②先进行内腔加工，后进行外形加工。

③以相同定位、夹紧方式加工或用同一把刀具加工的工序，最好连续加工，以减少重复定位次数、换刀次数与挪动压板次数。

（3）数控加工工艺与普通工序的衔接。

数控加工工序前后一般都穿插有其他普通加工工序，如衔接得不好就容易产生矛盾。因此在熟悉整个加工工艺内容的同时，要清楚数控加工工序与普通加工工序各自的技术要求、加工目的、加工特点，如要不要留加工余量，留多少；定位面与孔的精度要求及形位公差；对校形工序的技术要求；对毛坯的热处理状态等，这样才能使各工序达到相互满足加工需要，且质量目标及技术要求明确，交接验收有依据。

工作计划单

学习领域	数控加工——数控车削加工	
学习任务	直线外形轴类零件的数控加工	
计划方式	学生计划,教师指导	
序号	实施步骤	使用资源
计划说明		
其他小组方案情况		
决策		

班级		姓名		组长		教师		月　日

工序卡

数控加工工序卡

$\sqrt{Ra\,3.2}$ ($\sqrt{Ra\,1.6}$)

φ24 $^{0}_{-0.1}$　φ16 $^{0}_{-0.1}$　φ32 $^{0}_{-0.1}$　8　8　24

技术要求
1. 未注倒角均为C1.5;
2. 未注圆角半径C1.5;
3. 未注长度公差按±0.1

产品型号及名称			
学习领域	数控加工		
项目名称			
工序号			
零件名称			
班级		姓名	
材料	名称		
	硬度		
零件毛重		零件净重	
冷却液切削液			
共　页	第　页		

工步号	工步内容	设备	夹具及附具	刀具及附具	量具	f	a_p	n	T_j	T_d	负荷

拟制	校对	审核

更改		
日期		
签名		

程　序　单

学习领域	数控加工——数控车削加工
学习任务	直线外形轴类零件的数控加工
程序名	
程序内容	
加工结果	
评价	

班级		姓名		组长		教师		月　日

任务二　圆弧外形轴类零件的数控加工

任　务　单

学习领域	数控加工——数控车削加工
学习任务	圆弧外形轴类零件的数控加工(图2.1)
学习目标	1.能用数控车床加工带圆弧的轴类零件 2.能编制数控加工工艺
学习内容	具体要求： 1.掌握基本移动指令 G02、G03 的格式及使用方法 2.掌握粗车圆弧的基本方法 3.掌握复合循环指令 G71 的格式 4.掌握刀具半径补偿指令 G41、G42、G40 的格式及使用方法 5.掌握圆弧数控加工的工艺分析 6.学会使用基本移动指令编制带圆弧轴的加工程序 7.学会使用复合循环指令编制带圆弧轴的加工程序 8.学会刀具半径补偿指令的应用 9.学会对圆弧加工精度的检验方法 10.能完成带圆弧阶梯轴的单件数控加工
具体任务简述	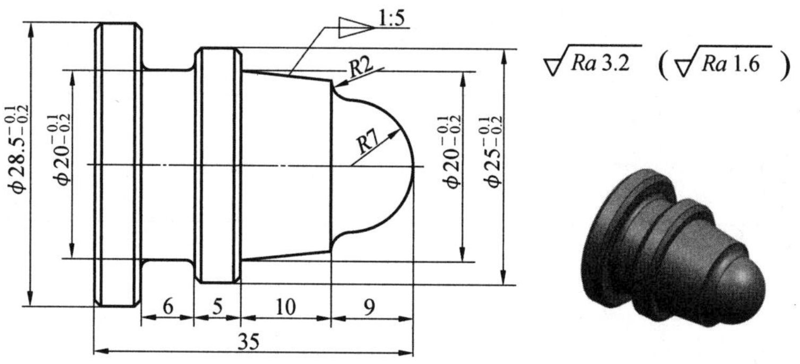 技术要求 1. 未注倒角均为C1,未注圆角均为R1; 2. 未注线性尺寸允许偏差±0.1 图2.1　圆弧外形轴类零件图样

教学方法与手段	讲述、演示、讨论、实际操作				
教学资源	数控车床 数控外圆车刀、切槽刀 机械加工工艺人员手册				
对学生基础的 要求	掌握机械加工基础知识 了解常用金属材料的性能 了解热处理基本知识				
对教师的要求	掌握数控编程知识 熟练操作数控机床				
考核与评价	过程评定结合零件加工质量评定				
工作安排	资讯	计划	决策	实施	检查	评价
学时						

资 讯 单

学习领域	数控加工——数控车削加工
学习任务	圆弧外形轴类零件的数控加工
资讯方式	网络、资料室
资讯问题	1.加工图 2.1 所示的轴类零件时走刀路线的顺序是什么 2.加工该零件时应选用哪些类型的刀具 3.加工该零件需要哪些编程指令？它们的格式是什么 4.该零件粗加工时可采用什么样的加工方法 5.该零件精加工时是否应用刀具半径补偿指令 6.测量该零件可采用哪些量具 7.怎样评价本组完成任务的情况
资讯引导	参考资料:《机械加工手册》《数控加工工艺》《互换性与测量技术》《机械加工企业职工操作规范手册》等
资讯问题 的解决	

知 识 链 接

1. 圆弧加工指令

圆弧加工可根据具体情况合理使用加工指令。加工圆弧半径较小的零件时,可采用圆弧车刀直进法加工。如图 2.2 所示,此时刀具圆弧半径为工件圆弧半径,使用 G01 直线插补指令。加工圆弧直径较大的零件时使偏刀或圆弧刀具沿圆弧轨迹运动,采用 G02、G03 圆弧插补指令切削圆弧轮廓。G02、G03 指令是刀具在指定平面内按给定的 F 进给速度做圆弧运动的指令。

(1)圆弧顺、逆方向的判断。

圆弧插补指令分为顺时针圆弧插补指令 G02 和逆时针圆弧插补指令 G03。车床上圆弧顺、逆方向可按图 2.3 给出的方向判断,沿垂直于圆弧所在的平面(*XOZ* 面)的坐标轴向负方向(−*Y* 轴)看去,刀具相对于工件转动方向顺时针运动为 G02,而逆时针运动为 G03。

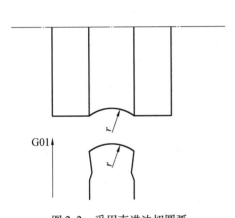

图 2.2　采用直进法切圆弧

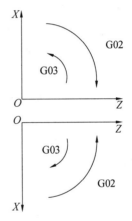

图 2.3　车圆弧的顺、逆方向

(2)G02、G03 指令的格式。

在车床上加工圆弧,不仅要用 G02、G03 指出圆弧的顺、逆时针方向,用 X(U)Z(W)指定圆弧的终点坐标,而且还要指定圆弧中心的位置。常用指定圆弧中心位置的方式有两种,因而 G02、G03 的指令格式有两种:

用 I、K 指定圆弧中心位置

$$\left.\begin{matrix}\text{G02}\\\text{G03}\end{matrix}\right\}\quad \text{X(U)\_Z(W)\_I\_K\_F\_}$$

用圆弧半径指定圆弧中心位置

$$\left.\begin{matrix}\text{G02}\\\text{G03}\end{matrix}\right\}\quad \text{X(U)\_Z(W)\_R\_F\_}$$

说明:

①采用绝对值编程时,圆弧终点坐标为圆弧终点在工件坐标系中的坐标值,用 X、Z

表示;当采用增量值编程时,圆弧终点坐标为圆弧终点相对于圆弧起点的坐标增量值,用 U、W 表示。

②圆弧中心坐标 I、K 为圆弧中心相对圆弧起点的增量坐标,本系统 I、K 为增量值,并带有"±"号,当分矢量的方向与坐标轴的方向相同时取"+"号,可省略不写;当分矢量的方向与坐标轴的方向不一致时取"-"号,一般用 I、K 值可进行任意圆弧(包括整圆)插补。

③当采用圆弧半径 R 指定圆弧中心位置时(不能与 I、K 同时用),由于在同一半径 R 的情况下,从圆弧的起点到终点有两个圆弧的可能性,为区别二者,规定圆心角 $\alpha \leqslant 180°$ 时,用"+R"表示,正号可省略;当圆心角 $\alpha > 180°$ 时,用"-R"表示。用圆弧半径指定圆弧中心位置时,不能进行整圆插补。

④F 为进给速度。

(3)粗加工圆弧表面的切削路线。

在毛坯上车削较大圆弧时,不可能只用一次走刀加工完整个圆弧,因为这样吃刀量太大,容易打刀,需要分次加工。下面根据加工圆弧凸表面和凹表面两种情况介绍一下切削路线方法。

①加工圆弧凸表面的方法有两种,分别为车锥法和车圆法。

a. 车锥法。图 2.4 所示用车圆锥的方法切除毛坯余量,但要注意,车锥时的终点和起点的确定,若确定不好则可能损伤圆弧表面,也有可能将余量留得太大。连接 OC 交于圆弧 D,过 D 点作圆弧的切线 AB,因为 $OC = \sqrt{2}R$,所以 $CD = \sqrt{2}R - R = 0.414R$。由 R 与三角形 ABC 的关系可得 $AC = BC = 0.586R$,则 A 点坐标为 $(R - 0.586R, 0)$、B 点坐标为 $(R, -0.586R)$。车圆锥时,加工路线不能超过 AB 线,否则就要损坏圆弧,当 R 不大时可取 $AC = BC = 0.5R$。对于较复杂的圆弧,用车锥法较复杂,可用车圆法。

b. 车圆法。车圆法就是用不同半径的圆分次去除毛坯余量,最终将所需圆弧车出来。如图 2.5 所示,起刀点 A 和终点 B 的确定方法为:连接 OA、OB,则此时车削圆弧半径为 $R_1 = OA = OB$。所以 $BD = AE = \sqrt{R_1^2 - R^2}$,$BC = AC = R - \sqrt{R_1^2 - R^2}$,每次吃刀深度 $t = \dfrac{\sqrt{2}R - R}{P}$(P 为粗车圆弧次数),由 BC、AC 很容易确定起刀点和终刀点的坐标。此方法的缺点是空行程时间较长,计算较麻烦。

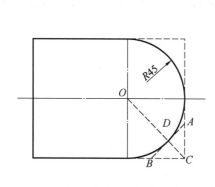

图 2.4 车锥法

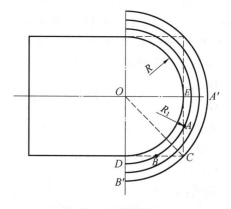

图 2.5 车圆法

②加工圆弧凹表面的方法有如下几种。

粗加工半圆弧表面,有几种常见切削路线,如图2.6所示。其中图2.6(a)为同心圆弧形式;图2.6(b)为等径圆弧(不同心)形式;图2.6(c)为三角形形式;图2.6(d)为梯形形式。不同形式的切削有不同的特点,了解它们的特点,才能合理安排切削路线。先将上述几种切削路线进行比较和分析如下:

a. 程序段数最少的为同心圆弧及等径圆弧形式;

b. 走刀路线最短的为同心圆弧形式,其余依次为三角形、梯形及等径圆弧形式;

c. 计算和编程最简单地为等径圆弧形式(可利用程序循环功能);

d. 切削率最高、切削力分布量合理的为梯形形式;

e. 精车余量最均匀的为同心圆弧形式。

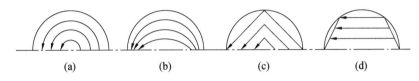

图2.6　刀削线路的形式

2. 外圆粗车循环 G71

外圆粗车循环适用于圆柱毛坯料粗车外径和圆筒毛坯料粗车内径,图2.7所示为用G71粗车外径的加工路线,图中 C 是粗车循环的起点,B 是毛坯外径与端面轮廓的交点,Δw 是轴向精车留量;Δu/2 是径向精车留量,Δd 是切削深度,e 是回刀时的径向退刀量(由参数设定)。(R)表示快速进给,(F)表示切削进给。

外圆粗车循环的编程指令格式为(以直径编程)

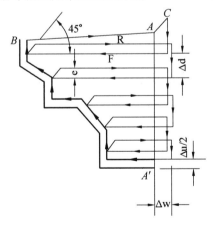

图2.7　外圆粗车循环 G71

G71　U(Δd) R(e) P(ns) Q(nf) X(Δu) Z(Δw) F(f) S(s) T(t)

其中:

Δd——切削深度(背吃刀量、每次切削量),半径值,无正负号,方向由矢量 **AA′** 决定;

e——每次退刀量,半径值,无正负;

ns——精加工路线中第一个程序段(即图中 AA′ 段)的顺序号;

nf——精加工路线中最后一个程序段的顺序号;

Δu——X 方向精加工余量,直径编程时为 Δu,半径编程为 $\Delta u/2$;

Δw——Z 方向精加工余量;

F、S、T——粗切时的进给速度、主轴转速和刀补设定。此时,这些值将不再按精加工
　　　　　设定。

当上述程序指令的是工件内轮廓时,G71 就自动成为内径粗车循环,此时径向精车留量 Δu 应指定为负值,G71 只能完成外径或内径粗车。

说明:

在使用 G71 进行粗加工循环时,只有含在 G71 程序段中的 F、S、T 功能才能有效,而包含在 ns—nf 程序段中的 F、S、T 功能,即使被指定对粗车循环也无效。

3. 刀具补偿

刀具补偿功能是数控车床的主要功能之一。它分为两类:刀具的偏移(即刀具长度补偿)和刀具半径的补偿。

(1)刀具的偏移。

刀具的偏移是指当车刀刀尖位置与编程位置(工件轮廓)存在差值时,可以通过刀具补偿值的设定,使刀具在 X、Z 轴方向加以补偿。它是操作者控制工件尺寸的重要手段之一。

例如:加工工件时,可以按刀架中心位置编程,如图 2.8(a)所示,以刀架中心 A 作为程序的起点,但刀具安装后,刀尖相对于 A 点必定有偏移,其偏移值为 ΔX、ΔZ。将此二数值输入相应的存储器中,当执行刀具补偿功能后,原来的 A 点就被刀尖的实际位置所代替,如图 2.8(b)所示。

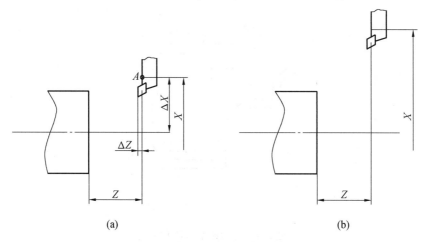

(a)　　　　　　　　　　　　　(b)

图 2.8　刀具的偏移

当刀具磨损后或工件尺寸有误差时,只要修改每把刀具相应存储器中的数值即可。例如,某工件加工后外圆直径比要求的尺寸大(或小)了 0.02 mm,则可以用 U-0.02(或 U0.02)修改相应存储器中的数值;当长度方向尺寸有偏差时,修改方法类同。

由此可见,刀具偏移可以根据实际需要分别对刀具轴向和径向的偏移量进行修正。

修正的方法是在程序中事先给定刀具及刀补号,每个刀补号中的 X 向刀补值和 Z 向刀补值由操作者按实际需要输入数控装置。每当程序调用这一刀补号时,该刀补就生效,使刀尖从偏离位置恢复到编程轨迹上,从而实现刀具偏移量的修正。

需要注意的是,刀补程序段内有 G00 或 G01 功能才能有效,而且偏移量补偿必须在一个程序段的执行过程中完成,这个过程不能省略。例如,G00 X20.0 Z20.0 T0202 表示调用 2 号刀具,具有刀具补偿,补偿量在 02 号存储器中。

（2）刀具半径的补偿。

①刀具半径补偿的目的。数控车床是以刀尖对刀的,加工时选用车刀的刀尖不可能绝对尖,总有一个小圆弧,如图 2.9 所示。对刀时,刀尖位置是一个假想刀尖 A,编程时,按 A 点轨迹编程,即工件轮廓与假想刀尖 A 重合,车削时,实际起作用的切削刀刃是圆弧与工件轮廓表面的切点。车内外圆柱、端面时,刀具实际切削刃的轨迹与工件轮廓一致,并无误差产生。

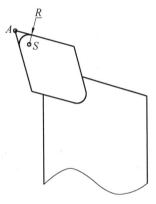

车削锥面时,如图 2.10 所示,工件轮廓（即编程轨迹或假想刀尖轨迹）为实线,实际车出形状（实际切削刃轨迹）为虚线,故产生误差 δ。同样,如图 2.11 所示,车圆弧面产生误差 δ_1 和 δ_2。若工件要求不高或留有精加工余量,可忽略此误差;否则应考虑刀尖圆弧半径对工件形状的影响,对刀尖圆弧半径进行补偿。

图 2.9　假想刀尖

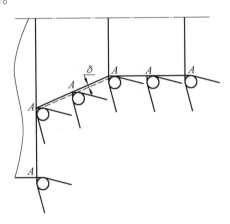

图 2.10　车锥面产生误差

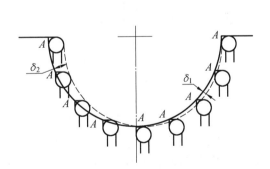

图 2.11　车圆弧面产生误差

②刀具半径补偿的基本原理。当编制零件加工程序时,不需要计算刀具中心运动轨迹,只需按零件轮廓编程,使用刀具半径补偿指令,并在控制面板上手工输入刀具半径值,数控装置便能自动地计算出刀具中心轨迹,并按刀具中心轨迹运动,即执行刀具半径补偿后,刀具自动偏离工件轮廓一个刀具半径值,从而加工出所要求的工件轮廓,如图 2.12 所示。

③刀具半径补偿的方法。刀具半径补偿的方法是通过键盘向系统存储器中输入刀具参数,并在程序中采用刀具半径补偿指令完成。

刀具半径补偿参数需考虑刀尖半径和车刀的形状、位置。工件形状与刀尖半径大小有直接关系,必须将刀尖半径尺寸输入系统的存储器中;车刀形状有很多,它能决定刀尖圆弧所处的位置,因此,也要把代表车刀形状和位置的参数输入存储器中。车刀形状和位置共有 9 种,刀尖圆弧位置如图 2.13 所示。

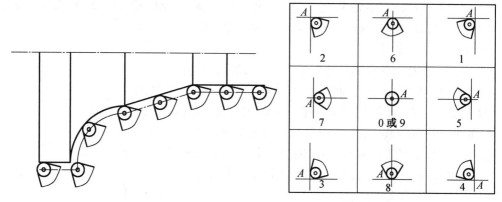

图 2.12　刀尖圆弧半径补偿　　　　　　图 2.13　刀尖圆弧位置

典型的车刀形状、位置与参数的关系如图 2.14 所示。

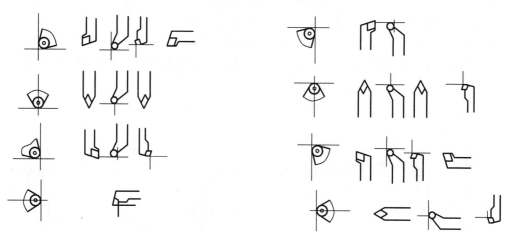

图 2.14　典型的车刀形状、位置与参数的关系

④刀具半径补偿指令。如图 2.15 所示,顺着刀具运动方向看,刀具在工件的左边称为刀具半径左补偿,用 G41 代码编程。顺着刀具运动方向看,刀具在工件的右边,称为刀具右补偿,用 G42 代码编程。G40 为取消刀具半径补偿指令。如需要取消刀具左、右补偿,可输入 G40 代码,这时,车刀轨迹按理论刀尖轨迹运动,也就是假想刀尖轨迹与编程轨迹重合。

其指令格式为

G41(G42)　G00(G01)　X(U)__Z(W)__D__

其中 X(U)、Z(W)为建立(G41、G42)或取消(G40)刀具补偿程序段中,刀具移动的终点坐标。G41、G42、G40 指令只能与 G00、G01 指令结合编程,通过直线运动建立或取消刀补。G41、G42、G40 指令不允许与 G02、G03 等其他指令结合编程,否则机床自动报警。

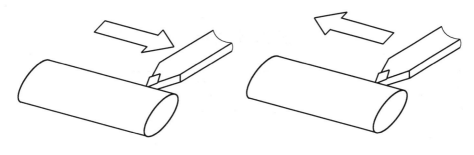

(a) 刀具半径右补偿　　　　　　　　　(b) 刀具半径左补偿

图 2.15　刀具半径左补偿与右补偿

G41、G42、G40 为模态指令。G41、G42 指令不能重复使用，即在程序中，前面程序段有了 G41(或 G42)就不能继续使用 G42(或 G41)编程，必须先用 G40 指令解除 G41 刀补状态后，才可使用 G42 刀补指令，否则机床不能正常进行刀具补偿。

　　⑤刀具补偿的编程方法及其作用。如果根据机床初始状态编程(即无刀尖半径补偿)，车刀按理论刀尖轨迹移动(图 2.16(a))产生表面形状误差 δ。

　　如程序段中编入 G42 指令，车刀按车刀圆弧中心轨迹移动(图 2.16(b))，无表面形状误差。从图 2.16(a)与图 2.16(b)中 P_1 的比较便可看出当编入 G42 指令、到达 P_1 点时，车刀多走了一个刀尖半径距离。

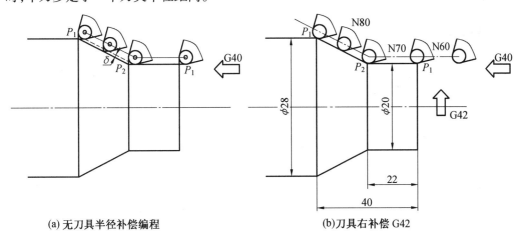

(a) 无刀具半径补偿编程　　　　　　　(b)刀具右补偿 G42

图 2.16　刀具半径补偿图

　　⑥刀具半径补偿的应用。当刀具磨损或刀具重磨后，刀具半径变小，这时，需将该改变后的刀具半径设置为补偿量，而不需修改已编好的程序。

　　用同一加工程序，对零件轮廓进行粗、精加工。若精加工余量为 Δ，则精加工时设置补偿量为 $r+\Delta$，精加工时设置补偿量为 r 即可。

工作计划单

学习领域	数控加工——数控车削加工	
学习任务	圆弧外形轴类零件的数控加工	
计划方式	学生计划,教师指导	
序号	实施步骤	使用资源
计划说明		
其他小组方案情况		
决策		

班级		姓名		组长		教师		月　日

工 序 卡

数控加工工序卡

$\sqrt{Ra\,3.2}\ (\sqrt{Ra\,1.6}\ )$

技术要求
1. 未注倒角均为C1,未注圆角均为R1;
2. 未注线性尺寸允许偏差±0.1

产品型号及名称		学习领域	数控加工		姓名	
		项目名称				
		工序号				
		零件名称				
班级		名称		零件净重		
材料		硬度				
零件毛重		冷却液切削液				
共 页		第 页		负 荷		
工步号	工 步 内 容	夹具及附具	刀具及附具	量 具	n T_j T_d	f a_P
设 备		拟 制		校 对	审 核	
更 改						
日 期						
签 名						

程 序 单

学习领域	数控加工——数控车削加工
学习任务	圆弧外形轴类零件的数控加工
程序名	
程序内容	
加工结果	
评价	

班级		姓名		组长		教师		月　日

任务三　螺纹外形轴类零件的数控加工

任　务　单

学习领域	数控加工——数控车削加工
学习任务	螺纹外形轴类零件的数控加工(图3.1)
学习目标	1.能用数控车床加工带螺纹的轴类零件 2.能编制数控加工工艺
学习内容	具体要求 1.了解螺纹的分类和用途 2.掌握基本移动指令 G32 格式 3.掌握单一循环指令 G82 的格式 4.掌握复合循环指令 G76 的格式 5.掌握常见螺纹的加工工艺 6.学会螺纹车刀的对刀 7.学会使用基本移动指令编制螺纹轴的加工程序并加工螺纹 8.学会使用单一循环指令编制螺纹轴的加工程序并加工螺纹 9.学会使用复合循环指令编制螺纹轴的加工程序并加工螺纹 10.掌握螺纹精度的检验方法
具体任务简述	 技术要求 1.未注倒角均为C1; 2.未注线性尺寸允许偏差±0.1 图 3.1　螺纹外形轴类零件图样

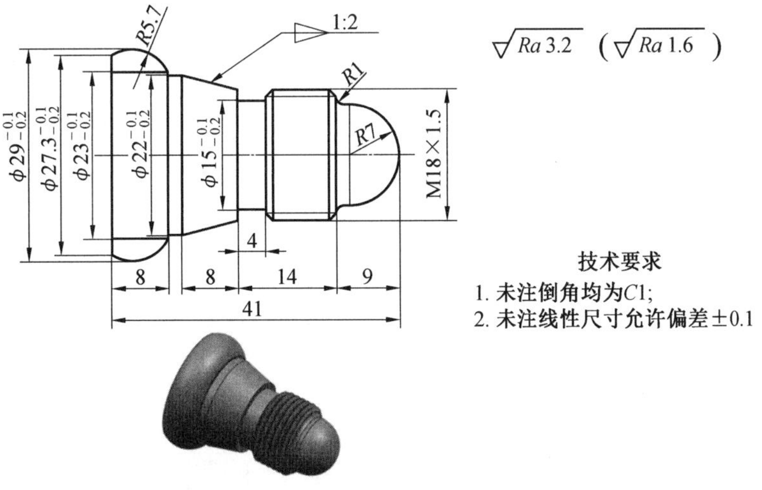

教学方法与手段	讲述、演示、讨论、实际操作					
教学资源	数控车床 数控外圆车刀、切槽刀 机械加工工艺人员手册					
对学生基础的 要求	掌握机械加工基础知识 了解常用金属材料的性能 了解热处理基本知识					
对教师的要求	掌握数控编程知识 熟练操作数控机床					
考核与评价	过程评定结合零件加工质量评定					
工作安排	资讯	计划	决策	实施	检查	评价
学时						

资　讯　单

学习领域	数控加工——数控车削加工
学习任务	螺纹外形轴类零件的数控加工
资讯方式	网络、资料室
资讯问题	1.加工图3.1所示带螺纹的轴类零件时走刀路线的顺序是什么 2.加工该零件时应选用哪些类型的刀具 3.加工该零件需要哪些编程指令及它们的编程格式 4.螺纹常见的种类有哪些？对应的加工代码是否完全一致 5.加工该零件至少可以使用哪几种方法 6.加工螺纹每次走刀的终点坐标是如何确定的 7.测量该零件可采用哪些量具 8.怎样评价本组完成任务的情况
资讯引导	参考资料:《机械加工手册》《数控加工工艺》《互换性与测量技术》《机械加工企业职工操作规范手册》等
资讯问题 的解决	

知 识 链 接

1. 螺纹加工的类型

螺纹加工的类型包括内(外)圆柱螺纹和圆锥螺纹、单头螺纹和多头螺纹、恒螺距与变螺距螺纹等。数控系统提供的螺纹加工指令包括单一螺纹指令和螺纹固定循环指令,前提条件是主轴上有位移测量系统。数控系统的不同,螺纹加工指令也有差异,实际应用中按所使用机床的要求编程。

2. 螺纹加工方法

螺纹加工常用切削循环方式完成。在数控车床上加工螺纹的进刀方式通常有直进法和斜进法,如图 3.2 所示。直进法一般应用于螺距或导程小于 3 mm 的螺纹加工,斜进法使刀具单侧刃加工减轻负载,一般用于螺距或导程大于 3 mm 的螺纹加工。螺纹的切削深度遵循后一刀的切削深度不能超过前一刀切削深度的原则,其分配方式有常量式和递减式,如图 3.2(b)所示,递减规律由数控系统设定,目的是使每次切削面积接近相等。

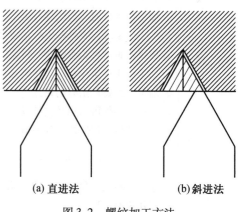

(a) 直进法　　　　　(b)斜进法

图 3.2　螺纹加工方法

加工螺纹前,必须精车螺纹外圆至公称直径。加工多头螺纹,常用方法是车好一条螺纹后,轴向进给移动一个螺距(用 G00 指令),再车另一条螺纹。

3. 螺纹尺寸的计算

车削螺纹时,车刀总的切削深度是牙型高度——即螺纹牙型上牙顶到牙底之间垂直于螺纹轴线的距离,如图 3.3 所示。牙型较深、螺距较大时,可分数次进给,每次进给的背吃刀量用螺纹深度减去精加工背吃刀量所得之差按递减规律分配,常用螺纹切削的进给次数与背吃刀量见表 3.1。

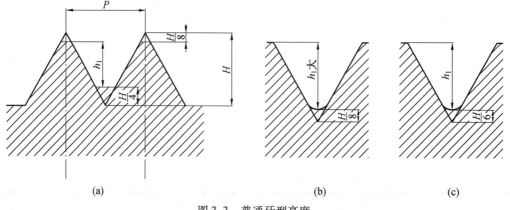

(a)　　　　　　　　　(b)　　　　　　　　　(c)

图 3.3　普通牙型高度

表 3.1　常用螺纹切削的进给次数与背吃刀量

米制螺纹							
螺距/mm	1.0	1.5	2	2.5	3	3.5	4
牙深（半径值）/mm	0.649	0.974	1.299	1.624	1.949	2.273	1.598
切削次数与背吃刀量（直径值）/mm　1 次	0.7	0.8	0.9	1.0	1.2	1.5	1.5
2 次	0.4	0.6	0.6	0.7	0.7	0.7	0.8
3 次	0.2	0.4	0.6	0.6	0.6	0.6	0.6
4 次		0.16	0.4	0.4	0.4	0.6	0.6
5 次			0.1	0.4	0.4	0.4	0.4
6 次				0.15	0.4	0.4	0.4
7 次					0.2	0.2	0.4
8 次						0.15	0.3
9 次							0.2

英制螺纹							
牙/英寸[①]	24	18	16	14	12	10	8
牙深（半径值）/mm	0.678	0.904	1.016	1.162	1.355	1.626	2.033
切削次数与背吃刀量（直径值）/mm　1 次	0.8	0.8	0.8	0.8	0.9	1.0	1.2
2 次	0.4	0.6	0.6	0.6	0.6	0.7	0.7
3 次	0.16	0.3	0.5	0.5	0.6	0.6	0.6
4 次		0.11	0.14	0.3	0.4	0.4	0.5
5 次				0.13	0.21	0.4	0.5
6 次						0.16	0.4
7 次							0.17

①1 英寸 = 2.54 cm。

4. 螺纹起点与螺纹终点轴向尺寸的确定

由于螺纹加工起始时有一个加速过程（Z_1），结束前有一个减速过程（Z_2），在这段距离内螺距不可能保持均匀，如图 3.4 所示，因此，车削螺纹时，两端必须设置足够的升速进刀段 Z_1 和减速退刀段 Z_2。刀具实际 Z 向行程（$Z+Z_1+Z_2$）包括螺纹有效长度 L，以及升降速段距离。Z_1、Z_2 数值与工件螺距和转速有关，由各系统设定。

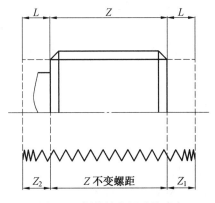

图 3.4　螺纹轴向尺寸的确定

5. 螺纹车削加工指令

各种数控系统螺纹加工常用指令格式和输入的参数都不尽相同,编程前要仔细阅读编程说明书。

(1)单行程螺纹切削 G32。

G32 指令可以执行单行程螺纹切削。车刀进给运动严格根据输入的螺纹导程进行。但是,车刀的切入、切出、返回均需要编入程序,其指令格式为

G32　X(U)__Z(W)__F__

其中 F 为螺纹导程。对锥螺纹斜角 α 在 45°以下时,螺纹导程以 Z 方向指定,45°以上至 90°时,以 X 轴方向值指定。该指令一般很少使用。

例1 如图 3.5 所示圆柱螺纹车削,螺纹导程为 1.0 mm,其车削程序编写如下:

O00012

G50　X70.0 Z25.0;

S160 M03;

G00　X40.0 Z2.0 M08;

　　X29.3;(查表 3-1 得 $a_{p1}=$ 0.7 mm)

G32　Z−46.0 F1.0;

G00　X40.0 Z2.0;

　　X28.9;($a_{p2}=0.4$ mm)

G32　Z−46.0;

G00　X40.0;

Z2.0;

X28.7;($a_{p3}=0.2$ mm)

G32　Z−46.0;

G00　X40.0;

　　Z2.0;

　　X70.0 Z25.0 M09;

　M05 M02;

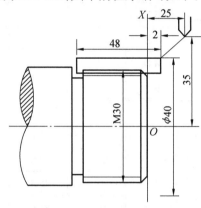

图3.5　圆柱螺纹车削编程图例

例2 如图 3.6 所示锥螺纹切削,螺距为 1.5 mm,$d_1=2$ mm,$d_2=1$ mm,其车削加工程序如下:

O00013

T0101;

S200M03;

G00　X50.0 Z2.0 M08;

X13.2;

G32　X42.2 Z −41.0 F1.5;

G00　X50.0;

Z2.0;

X12.6；

G32 X41.6 Z–41.0；

G00 X50.0；

  Z2.0；

  X12.2；

G32 X41.2 Z79.0；

G00 X50.0；

  Z122.0；

  X12.04；

G32 X41.04 Z79.0；

G00 X50.0；

  Z122.0；

X80.0 Z150.0 M09；

  M05 M02；

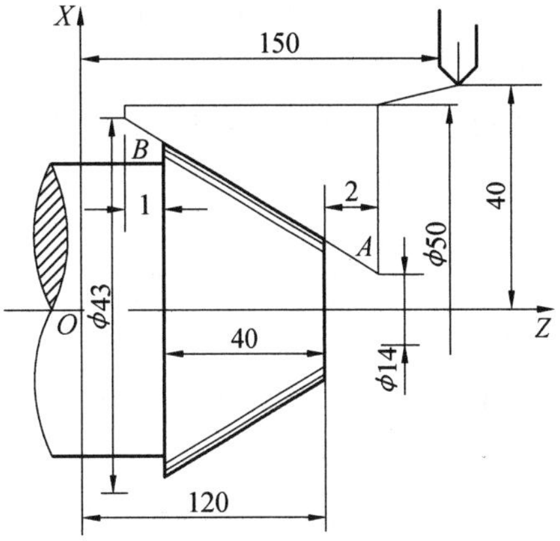

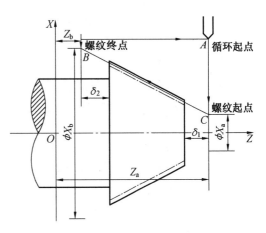

图3.6 锥螺纹编程图例

（2）螺纹切削简单固定循环 G82。

螺纹切削循环 G82 为简单螺纹循环，该指令可切削锥螺纹和圆柱螺纹，其指令格式为

G82 X(U)＿Z(W)＿I＿F＿

如图 3.7 所示，刀具从循环起点开始，沿着箭头所指的路线行走，最后又回到循环起点。当用绝对编程方式时，X、Z 后的值为螺纹段切削终点的绝对坐标值；当用增量编程方式时，U、W 的值为螺纹段切削终点相对于循环起点的坐标增量。但无论使用何种编程方式，I 后的值总为螺纹段切削起点（并非循环起点）与螺纹段切削终点的半径差。当 I 值为零省略时，即为圆柱螺纹车削循环。F 表示被加工螺纹的导程。

图3.7 螺纹车削简单循环

螺纹车削循环包括四段行走路线，其中只有一段是主要用于车螺纹的进给路线，其余都是快速空程路线。采用简单固定循环编程虽然可简化程序，但要车出一个完整的螺纹还需要人工连续安排几个这样的循环。比如图 3.6、图 3.7 的螺纹加工，若采用固定循环指令，则程序可编写如下。

例图 3.6 的程序：

O0014

G50 X70.0 Z25.0；

S100 M03；

G00 X40.0 Z2.0；

G82　U-10.7 W-48.0 F1.0；

G82　U-11.1 W-48.0；

G82　U-11.3 W-48.0；

G00　X70.0 Z25.0；

M05 M02；

图 3.7 的程序(以右端面中心为工件原点)：

O0015

G50　X80.0 Z30.0 S160 M03；

G00　X50.0 Z2.0；

G82　U-7.8 W-43.0 I-14.5 F1.5；

G82　U-8.4 W-43.0 I-14.5；

G82　U-8.0 W-43.0 I-14.5；

G82　U-7.9 W-43.0 I-14.5；

G00　X80.0 Z30.0；

M05 M02；

(3)螺纹切削复合循环 G76。

螺纹切削复合循环 G76 指令格式为

　　G76　C(m) R(r) E(e) A(a) X(U) Z(W) I(i) K(k) U(d) V(dmin) Q(d) F(f)

其中　m——精整次数(取值 01～99)；

　　　　r——螺纹 Z 向退尾长度(00～99)；

　　　　e——螺纹 X 向退尾长度(00～99)；

　　　　a——牙型角有六个角度值可供选择：在 80°的情况下为 A80，在 60°的情况下为 A60，在 55°的情况下为 A55，在 30°的情况下为 A30，在 29°的情况下为 A29，在 0°的情况下为 A0，如果省略掉 A，就认为它是 O；

　　　U、W——绝对编程时为螺纹终点的坐标值；相对编程时，为螺纹终点相对于循环起点 A 的有向距离；

　　　　i——锥螺纹的始点与终点的半径差；

　　　　k——螺纹牙型高度(半径值)；

　　　　d——精加工余量；

　　　　Δd——第一次切削深度(半径值)；

　　　　f——螺纹导程(螺距)；

　　　dmin——最小进给深度，当某相邻两次的切削深度差小于此值时，则以此值为准。

例 3　如图 3.8 所示的 M63X6 的普通螺纹，试编程。

加工程序如下：

N0010　G50　X100.0 Z130；　　　　(建立工件坐标系)

N0020　S500　M03 T0101；

N0030　G00　X65.0 Z137.0；

N0040　G76　X55.564 Z25.0 K3.68 D1.8 F6.0 A60；

N0050　　G00　X100.0；

N0060　　Z130.0 T0000；

N0070　　M05 M30；

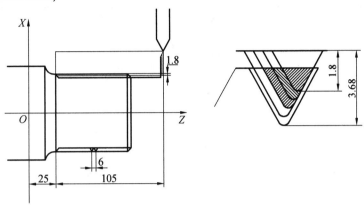

图3.8　螺纹切削复合循环

工作计划单

学习领域	数控加工——数控车削加工	
学习任务	螺纹外形轴类零件的数控加工	
计划方式	学生计划,教师指导	
序号	实施步骤	使用资源
计划说明		
其他小组方案情况		
决策		

班级		姓名		组长		教师		月　日

工 序 卡

数控加工工序卡

技术要求
1. 未注倒角均为C1;
2. 未注线性尺寸允许偏差

$\sqrt{Ra\,3.2}$ ($\sqrt{Ra\,1.6}$)

零件图尺寸:M18×1.5,R7,R1,1:2,$\phi 29_{-0.2}^{-0.1}$,$\phi 27.3_{-0.2}^{-0.1}$,$\phi 23_{-0.2}^{-0.1}$,$\phi 22_{-0.2}^{-0.1}$,$\phi 15_{-0.2}^{-0.1}$,R5.1,长度尺寸 8、8、8、4、14、9、41

产品型号及名称		学习领域	项目名称	工序号	零件名称					
名称	数控加工									

班级	材料	零件毛重	名称	硬度	零件净重	姓名

冷却液切削液					
共 页	第 页				

工步号	工步内容	设备	夹具及附具	刀具及附具	量具	f	a_p	n	T_j	T_d	负荷

更改	拟制	校对	审核
日期			
签名			

程 序 单

学习领域	数控加工——数控车削加工
学习任务	螺纹外形轴类零件的数控加工
程序名	
程序内容	
加工结果	
评价	

班级		姓名		组长		教师		月　日

任务四　带孔轴类和盘套类零件的数控加工

任　务　单

学习领域	数控加工——数控车削加工
学习任务	带孔轴类和盘套类零件的数控加工(图 4.1)
学习目标	1. 能用数控车床加工外形复杂的轴类零件 2. 能编制数控加工工艺
学习内容	具体要求 1. 了解常用内孔车刀 2. 严格划分粗、精加工工序,保证产品合格 3. 掌握复合循环指令 G72 的格式 4. 掌握孔的加工工艺 5. 掌握盘套类零件的加工工艺 6. 掌握加工内表面循环起点的确定原则 7. 了解薄壁套类零件的加工工艺 8. 学会使用基本移动指令编制孔和套的加工程序并加工 9. 学会使用复合循环指令 G71 编制孔和套的加工程序并加工 10. 学会使用复合循环指令 G72 编制孔和套的加工程序并加工 11. 学会内孔车刀的对刀方法
具体任务简述	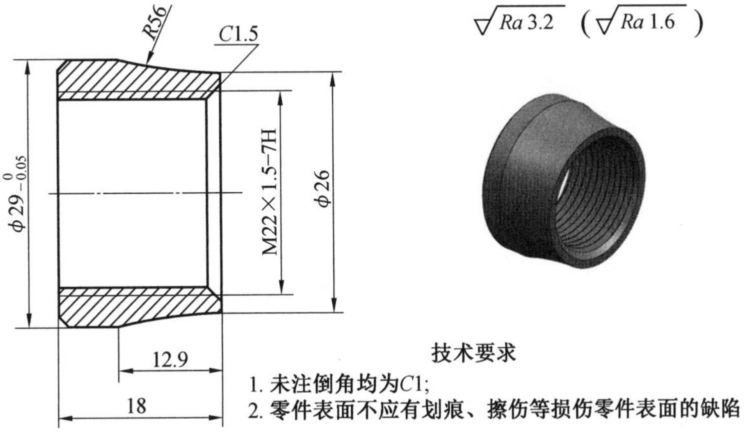R56 C1.5 Ra 3.2 (Ra 1.6) φ29 0 -0.05 M22×1.5-7H φ26 12.9 18 技术要求 1. 未注倒角均为C1; 2. 零件表面不应有划痕、擦伤等损伤零件表面的缺陷 图 4.1　轴套类零件图样

教学方法与手段	讲述、演示、讨论、实际操作					
教学资源	数控车床 数控外圆车刀、切槽刀 机械加工工艺人员手册					
对学生基础的 要求	掌握机械加工基础知识 了解常用金属材料的性能 了解热处理基本知识					
对教师的要求	掌握数控编程知识 熟练操作数控机床					
考核与评价	过程评定结合零件加工质量评定					
工作安排	资讯	计划	决策	实施	检查	评价
学时						

资　讯　单

学习领域	数控加工——数控车削加工
学习任务	带孔轴类和盘套类零件的数控加工
资讯方式	网络、资料室
资讯问题	1. 加工图 4.1 所示外形复杂的轴类零件时走刀路线的顺序是什么 2. 加工该零件时应选用哪些类型的刀具 3. 加工该零件需要哪些编程指令？它们的格式是什么 4. 加工该零件至少可以使用几种方法 5. 该零件粗、精加工的切削用量如何选择，在程序中又是如何体现的 6. 加工螺纹每次走刀的终点坐标是如何确定的 7. 测量该零件可采用哪些量具 8. 怎样评价本组完成任务的情况
资讯引导	参考资料：《机械加工手册》《数控加工工艺》《互换性与测量技术》《机械加工企业职工操作规范手册》等
资讯问题 的解决	

知 识 链 接

1. 孔加工

套类零件上的孔有通孔、台阶孔、平底孔等各种类型,加工方式一般有钻孔、扩孔、铰孔、镗孔等方式。

例 1　如图 4.2 所示,毛坯外径为 $\phi 30$ mm,内径为 $\phi 10$ mm。

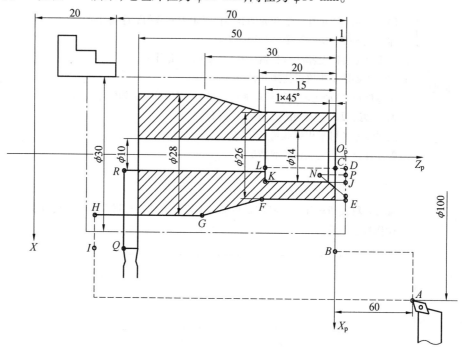

图 4.2　阶梯孔车削实例

伸出卡爪长 70 mm,设计一个加工如图 4.2 所示零件的程序,每次切削深度 $a_p \leqslant$ 2 mm(不考虑留精加工余量)。

具体步骤如下:

(1)设定编程坐标原点及换刀点。

由图 4.2 所示零件尺寸标注,将编程坐标原点设在 O_P 点,换刀点设在 A 点。

(2)选刀具,设定刀号。

选外圆车刀加工外圆、锥面、端面,刀号为 T01;选镗刀加工内孔、倒角,刀号为 T02;选切断刀切断工件(刀宽 3 mm),刀号为 T03。

(3)确定工艺方案和加工路线。

工艺方案:本题不考虑粗、精分开,各加工面均一次切除,采用刀具集中方式。

加工路线:①用外圆刀(T01)车端面、外圆及锥面;②回换刀点换 T02 刀,用镗刀镗孔、倒内倒角;③回换刀点换 T03 刀切断。

（4）计算刀具轨迹坐标值。

（5）编程。

N0010	G50	X100.0　Z60；	（设置编程原点 O_P，刀具在 A 点位置）
N0020	S800	M03　T0101；	（主轴正转）
N0030	G00	X34.0　Z0；	（快速点位移动 A—B）
N0040	G01	X8.0　F50；	（车端面 B—C）
N0050	G00	Z1.0；	（Z 向退刀 C—D）
N0060		X26.0；	（快进 D—E）
N0070	G01	Z-20.0；	（车外圆 E—F）
N0080		X28.0　Z-30.0；	（车锥面 F—G）
N0090		Z-55.0；	（车外圆 G—H）
N0100		X32.0；	（X 向退刀 G—I）
N0110	G00	X100.0　X60.0；	（快退至换刀点 I—A）
N0120	T0202；		（换内孔车刀）
N0130	G00	X14.0　Z1.0；	（快进 A—J）
N0140	G01	Z-15.0；	（镗孔 J—K）
N0150		X8.0；	（镗孔底 K—L）
N0160	G00	Z1.0；	（Z 向快退 L—D）
N0170		X18.0；	（X 向快进 D—M）
N0180	G01	X12.0　Z-2.0；	（倒角 M—N）
N0190	G00	Z1.0；	（Z 向快退 N—P）
N0200	G00	X100.0　Z60.0；	（返回换刀点 A）
N0210	S400.	M03　T0303；	（主轴降速至 400 r/min，换切断刀）
N0220	G00	X34.0　Z-53.0；	（快进 A—Q）
N0230	G01	X8.0　F20；	（切断 G—R）
N0240	G00	X100.0　Z60.0；	（返回换刀点 R—A）
N0250	M30；		（程序结束）

2. 端面粗车循环 G72

G72 与 G71 均为粗加工循环指令，而 G72 是沿着平行于 X 轴进行切削循环加工的，图 4.3 所示为从外径方向往轴心方向车削端面循环。

端面循环的编程指令格式为

G72 W(Δd) R(e) P(ns) Q(nf) X(Δu) Z(Δw) F(f) S(s) T(t)

其中 e 为退刀量；

ns 和 nf 分别为按 $A \rightarrow A_1 \rightarrow B$ 的走刀路线编写的精加工程序中的第一个程序行的顺序

号 N(ns)和最后一个程序行的顺序号 N(nf)；

F、S、T 为粗切时的进给速度、主轴转速和刀补设定。若设定后,这些值将不再按精加工的设定值进行。

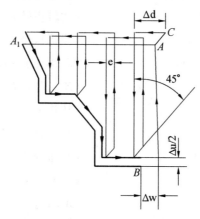

图 4.3　外径方向往轴心方向车削端面循环

工作计划单

学习领域	数控加工——数控车削加工	
学习任务	带孔轴类和盘套类零件的数控加工	
计划方式	学生计划,教师指导	
序号	实施步骤	使用资源
计划说明		
其他小组方案情况		
决策		

班级		姓名		组长		教师		月　日

工序卡

数控加工工序卡

$\sqrt{Ra\,3.2}$ ($\sqrt{Ra\,1.6}$)

技术要求

1. 未注倒角均为C1;
2. 零件表面不应有划痕、擦伤等损伤零件表面的缺陷

C1.5
R56
12.9
18
Φ26
M22×1.5-7H
$\phi 29^{~0}_{-0.05}$

产品型号及名称					
学习领域名称		数控加工			
项目名称					
工序号					
零件名称					
班级	名称		姓名		
材料	硬度				
零件毛重		零件净重			
冷却液切削液					
共 页		第 页			

工步号	工步内容	设备	夹具及附具	刀具及附具	量具	n	T_j	T_d	负荷	a_P	f

更改			拟制		校对		审核	
日期								
签名								

程 序 单

学习领域	数控加工——数控车削加工
学习任务	带孔轴类和盘套类零件的数控加工
程序名	
程序内容	
加工结果	
评价	

班级		姓名		组长		教师		月 日

任务五　复杂轴套配合类零件的数控加工

任　务　单

学习领域	数控加工——数控车削加工
实训任务描述	复杂轴套配合类零件的数控加工（图5.1）
学习目标	1. 能用数控车床加工复杂轴套配合类零件 2. 能编制数控加工工艺
学习内容	**具体要求** 1. 掌握复杂外圆轴类零件的加工工艺 2. 掌握配合类零件的加工工艺及检测方法 3. 能够编写复杂轴套配合类零件的数控加工程序 4. 学会对复杂外圆轴类零件加工选择合适的刀具 5. 学会复杂轴套配合类零件的检验方法 6. 学会复杂轴套配合类零件的数控加工

具体任务简述	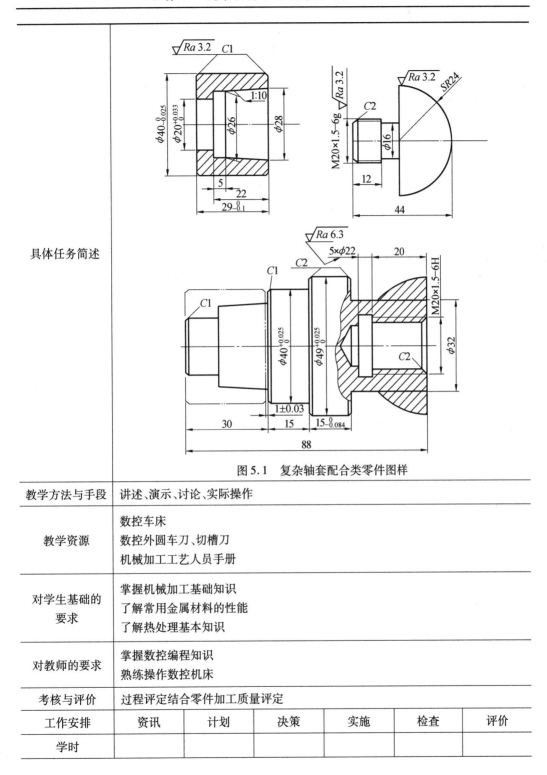

图5.1　复杂轴套配合类零件图样

教学方法与手段	讲述、演示、讨论、实际操作
教学资源	数控车床 数控外圆车刀、切槽刀 机械加工工艺人员手册
对学生基础的 要求	掌握机械加工基础知识 了解常用金属材料的性能 了解热处理基本知识
对教师的要求	掌握数控编程知识 熟练操作数控机床
考核与评价	过程评定结合零件加工质量评定

工作安排	资讯	计划	决策	实施	检查	评价
学时						

资　讯　单

学习领域	数控加工——数控车削加工
学习任务	复杂轴套配合类零件的数控加工
资讯方式	网络、资料室
资讯问题	1.加工如图 5.1 所示的轴套类零件时走刀路线的顺序是什么 2.加工该零件时应选用哪些类型的刀具 3.加工该零件需要哪些编程指令？它们的格式是什么 4.加工该零件至少可以使用几种方法 5.使用内孔车刀如何对刀 6.加工内表面有哪些注意事项 7.测量该零件可采用哪些量具 8.怎样评价本组完成任务的情况
资讯引导	参考资料:《机械加工手册》《数控加工工艺》《互换性与测量技术》《机械加工企业职工操作规范手册》等
资讯问题 的解决	

工作计划单

学习领域	数控加工——数控车削加工	
学习任务	复杂轴套配合类零件的数控加工	
计划方式	学生计划,教师指导	
序号	实施步骤	使用资源
计划说明		
其他小组方案情况		
决策		

班级		姓名		组长		教师		月 日

工 序 卡

数控加工工序卡（件1）

产品型号及名称		数控加工	班级		姓名	
学习领域名称			材料	名称		
项目名称				硬度		
工序号			零件毛重		零件净重	
零件名称			冷却液切削液			
			共 页	第 页		

工步号	工步内容	设备	夹具及附具	刀具及附具	量具	n	f	a_p	T_j	T_d	负荷

更改	拟制	校对	审核
日期			
签名			

数控加工工序卡(件2)

产品型号及名称		数控加工			
学习领域					
项目名称					
工序号					
零件名称					
班级		姓名			
材料	名称				
	硬度				
零件毛重		零件净重			
共　页　第　页	冷却液切削液				

工步号	工 步 内 容	设备	夹具及附具	刀具及附具	量具	f	a_p	n	T_j	T_d	负荷
更改		拟制		校对		审核					
日期											
签名											

数控加工工序卡(件3)

产品型号及名称		数控加工
学习领域		
项目名称		
工序号		
零件名称		
班级	姓名	
材料	名称	
	硬度	
零件毛重	零件净重	
冷却液切削液		
共　页	第　页	

工步号	工 步 内 容	设 备	夹具及附具	刀具及附具	量 具	f	a_p	n	T_j	T_d	负 荷

拟制	制	校 对	审 核

更改			
日期			
签名			

图：M20×1.5-6H，Φ32，Φ49⁺⁰·⁰²⁵，Φ40⁺⁰·⁰²⁵，15₋₀.₀₈₄，1±0.03，88，15，30，20，5×Φ22，Ra6.3，C1，C2

程 序 单

学习领域	数控加工——数控车削加工						
学习任务	复杂轴套配合类零件的数控加工(件1)						
程序名							
程序内容							
加工结果							
评价							
班级		姓名		组长		教师		月 日

学习领域	数控加工——数控车削加工
学习任务	复杂轴套配合类零件的数控加工(件2)
程序名	
程序内容	
加工结果	
评价	

班级		姓名		组长		教师		月　日

学习领域	数控加工——数控车削加工
学习任务	复杂轴套配合类零件的数控加工(件3)
程序名	
程序内容	
加工结果	
评价	

班级		姓名		组长		教师		月　　日	

学习项目二　数控铣床的任务加工

知识要点二　数控铣床及加工中心的基本操作、日常保养与编程基础

教学目标：

(1)数控铣床及加工中心分类；

(2)熟悉数控铣床及加工中心的组成；

(3)熟悉数控铣床及加工中心的操作方法；

(4)掌握数控铣床日常维护和保养的方法；

(5)学会根据零件熟练地选择铣削类数控刀具；

(6)学会操作数控铣床；

(7)学会数控铣床的对刀方法；

(8)能够对数控铣床进行日常的维护和保养。

I　数控铣床

数控铣床是一种用途很广泛的机床，是机械加工中最常用和最主要的数控加工方法之一，主要有卧式和立式两种。数控铣床多为三坐标、两轴联动的机床，也称两轴半控制，即在 X、Y、Z 三个坐标轴中，任意两轴都可以联动。一般情况下，数控铣床只用来加工平面曲线轮廓，如增加一个回转轴或分度头，数控铣床就可以用来加工螺旋槽、叶片等立体曲面零件。

一、数控铣床的基础知识

1.数控铣床加工范围

(1)各种平面类零件。

数控铣床可以加工各种水平或垂直面，或加工面与水平面的夹角为定角的零件。平面类零件是数控铣削加工中最简单的一类零件，一般只需用三坐标数控铣床的两坐标联动就可以加工出来。

(2)变斜角类零件。

加工面与水平面的夹角呈连续变化的零件称为变斜角类零件。如飞机上的整体梁、框等。变斜角类零件的变斜角加工面不能展开为平面，但在加工中，加工面与铣刀圆周接触的瞬间为一条线，最好采用四坐标或五坐标数控铣床摆角加工，在没有上述机床时，可

采用三坐标数控铣床,进行两轴半坐标近似加工。

(3)曲面类零件。

加工面为空间曲面的零件称为曲面类零件,如模具、叶片、螺旋桨等。曲面类零件的加工面也不能展开为平面,加工时,加工面与铣刀始终为点接触。加工曲面类零件一般采用三坐标数控铣床。当曲面较复杂、通道较狭窄、会伤及相邻表面及需要刀具摆动时,要采用四坐标或五坐标铣床。

2. 数控铣床常用刀具

(1)端面铣刀。

端面铣刀用于平面的加工。端面铣刀的圆周表面和端面上都有切削刃,圆周表面的刀刃为主切削刃,端面为副切削刃。

端面铣刀多为套式镶齿结构,刀齿为高速钢或硬质合金钢,它适于高速铣削,加工效率高,表面质量好。硬质合金端面铣刀分整体焊接式、机夹焊接式和可转位式 3 种,其中可转位式用途较广泛,直径一般为 $\phi16 \sim 630$ mm。粗铣时,铣刀直径要小,避免大切削力对刀具的损坏。精铣时,铣刀直径要大,以提高加工精度和效率,并减少相邻两次进给之间的接刀痕迹。

(2)立铣刀。

立铣刀是数控加工中用得最多的一种铣刀,主要用于加工凹槽、小的台阶面及平面轮廓。立铣刀的圆柱表面和端面都可以进行切削,圆柱表面为主切削刃,端面为副切削刃。主切削刃一般为螺旋槽,可增加切削的平稳性,提高加工精度。为了加工较深的沟槽、增大容屑空间,立铣刀一般轴向较长,刀齿数较少。直径较小的立铣刀,一般制成带柄结构。直径为 $\phi 2 \sim 71$ mm 的立铣刀制成直柄;直径为 $\phi 6 \sim 63$ mm 的制成莫式锥柄;直径为 $\phi 25 \sim 80$ mm的制成 7:24 的锥柄,内有螺纹用来拉紧刀具;直径大于 $\phi 40 \sim 160$ mm 立铣刀做成套式结构。

(3)模具铣刀

模具铣刀主要用来加工空间曲面、模具型腔或凸模成型表面。模具铣刀由立铣刀发展而来,可分为圆锥形立铣刀、圆柱形球头铣刀和圆锥头铣刀 3 种。其柄部有直柄、削平型直柄和莫氏锥柄。模具铣刀的结构特点是球部或端面上布满切削刃,圆周刃与球部刃圆弧连接,可以做径向和轴向进给。铣刀部分用高速钢或硬质合金钢制造。国标规定刀柄直径为 $\phi 4 \sim 63$ mm,直径较小的硬质合金模具铣刀多制成整体式结构,直径在 $\phi16$ mm以上的制成焊接式或机夹可转位刀片结构。

(4)键槽铣刀。

键槽铣刀主要用来加工封闭的键槽。键槽铣刀的结构与立铣刀相近,圆柱面和端面都有切削刃,但只有两个刀齿,端面延至中心。加工时先沿轴向进给达到键槽深度,然后,沿键槽方向铣出键槽全长。键槽铣刀的圆周切削刃仅在靠近端面处发生磨损,因此重磨后铣刀直径不变。

(5)鼓形铣刀。

鼓形铣刀主要用于加工变斜角类零件的变斜角加工面。刀形如图 1 所示。鼓形铣刀的切削刃分布在半径为 R 的圆弧面上,端面无切削刃。加工时通过控制刀具的上下位置,相应改变切削刃的切削部位,可以在工件上切出从负到正的不同斜角。R 越小,鼓形铣刀能加工的斜角范围越大,但表面质量也越差。这种刀具的缺点是刀具的刃磨困难,切削条件差,而且不适合加工有底的轮廓表面。

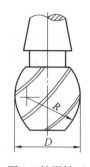

图 1　鼓形铣刀

3. 数控铣削加工特点

数控铣床至少有三个控制轴,即 X、Y、Z 轴,可同时控制其中任意两个坐标轴联动,也能控制三个甚至更多个坐标轴联动,主要用于各类较复杂的平面、曲面和壳体类零件的加工,如各类模具、样板、叶片、凸轮和连杆等。因此,其编程方法与车床不尽相同。不同的数控铣床,不同的数控系统,其编程原理基本上是相同的,但所用指令有不同之处。

二、工件坐标系的建立

1. 铣床的坐标轴

数控铣床是以机床主轴轴线方向为 Z 轴,刀具远离工件的方向为 Z 轴正方向。X 轴位于与工件安装面相平行的水平面内,若是立式铣床,则主轴右侧方向为 X 轴正方向;若是卧式铣床,则人面对主轴的左侧方向为 X 轴正方向。Y 轴方向可根据 Z、X 轴按右手笛卡儿直角坐标系来确定。

2. 参考点

参考点是数控铣床上一个固定点,与加工程序无关。数控铣床的型号不同,其参考点的位置也不同。通常,立式铣床指定 X 轴、Y 轴和 Z 轴正向的极限点为参考点,参考点又称为机床零点。机床启动后,首先要将机床位置"回零",即执行手动返回参考点,使各轴都移至机床零点,在数控系统内部建立一个以机床零点为坐标原点的机床坐标系(CRT上显示此时主轴的端面中心,即对刀参考点在机床坐标系中的坐标值均为零)。这样在执行加工程序时,才能有正确的工件坐标系。所以编程时,必须首先设定工件坐标系,也就是确定刀具相对于工件坐标系坐标原点的距离,程序中的坐标值均以工件坐标系为依据。

3. 建立工件坐标系应遵循的原则

工件坐标系采用与机床运动坐标系一致的坐标方向。建立工件坐标系,关键是正确选择坐标系的原点,即程序原点。编程人员在编制加工程序时选择程序原点,要便于测量和对刀,便于编程计算。此外,如果考虑到零件的特点,还应遵循以下原则:

①为便于在编程时进行坐标值的计算,减少计算错误和编程错误,工件零点应选在零件图的设计基准上。

②为提高被加工零件的加工精度,工件零点应尽量选在精度较高的工件表面上。

③为便于编程,对于那些几何元素对称的零件,工件零点应设在对称中心上。

④对于一般零件,工件零点设在工件外轮廓的某一角上。

⑤Z 轴方向上的工作零点一般设在工件的上表面。

三、数控铣削加工的工艺分析

从数控机床加工程序的编制过程和内容可以看出，数控机床的工件加工程序中，应考虑机床的运动过程、工件的加工工艺过程、刀具的形状及切削用量、走刀路线等比较广泛的工艺问题。为了编制出一个合理的、实用的加工程序，要求编程人员不仅要了解数控机床的工作原理、性能特点及结构，掌握编程语言和标准程序格式，还应能熟练掌握工件加工工艺。在编程前，必须对所加工的零件进行工艺分析，拟定加工方案，选择合适的刀具和夹具，确定合理切削用量，正确选用刀具和装夹方法，并熟悉检测方法。在编程中，还需进行工艺处理，如确定对刀点等。因此，数控机床程序编制中的工艺分析与处理是一项十分重要的工作。也就是说，数控机床编程员首先是一个好的工艺员。数控机床加工工艺知识的获得除了通过理论知识的学习以及正确使用工艺手册外，主要还是应参加实际编程和操作，以获取丰富的经验知识。下面简单介绍一下数控铣削加工工艺分析中的具体事项。

1. 数控铣削加工工艺分析内容

（1）选择并确定零件的数控加工内容。

（2）对零件图纸进行数控加工的工艺分析。

（3）选择加工使用的数控机床类型。

（4）刀具、夹具的选择和调整设计。

（5）工序、工步的设计。

（6）加工轨迹的计算和优化。

（7）加工程序的编写、校验与修改。

（8）首件试加工与现场问题处理。

（9）数控加工工艺技术文件的定型与归档。

2. 数控铣削加工工艺分析过程

在设计数控加工工序时，除了要遵循一般机械加工工艺的基本原则外，还要根据数控加工的特点，着重考虑以下几个方面。

（1）数控加工零件图的工艺性分析。

在确定数控加工零件和加工内容后，根据所了解的数控机床性能及实际工作经验，需要对零件图进行工艺性分析，以减少后续编程和加工中可能出现的失误。零件图的工艺分析可以从以下几个方面考虑。

①检查零件图的完整性和正确性。对轮廓零件，检查构成轮廓各几何元素的尺寸或相互关系（如相交、相切、平行、垂直、同心等）的标注是否准确完整。例如，在实际工作中，经常会遇到图纸中给出的几何元素相互关系不够明确，缺少尺寸标注，使编程计算无法完成。再有，虽然给出了几何元素的相互关系，但同时又给出了引起矛盾的相关尺寸，尺寸多余，同样也给编程带来困难。

此外，还要检查零件图上各个方向的尺寸是否有统一的设计基准，以保证多次装夹加工后其相对位置的正确性。如果没有，可考虑在不影响零件设计精度的前提下，选择统一的工艺基准,计算转化各尺寸,以便简化编程计算,保证零件图的设计精度要求。

②特殊零件的处理。对于一些特殊零件,如对于厚度尺寸有要求的大面积薄壁板零件,由于数控加工时的切削力和薄板的弹性退让容易产生切削面的振动,会影响薄板厚度尺寸公差和表面粗糙度的要求。所以,在加工这类零件时应采取特别的工艺处理手段,如改进装夹方式、采用合适的加工顺序和刀具、选择恰当的粗精加工余量等。

(2)夹具和刀具的选择。

夹具的选择要求如下:

①尽可能做到在一次装夹后能加工出全部或大部分待加工表面,尽量减少装夹次数,以提高加工效率和保证加工精度。

②尽量采用组合夹具、通用夹具和标准夹具,避免采用专用夹具。

③装卸零件要方便可靠,能迅速完成零件的定位、夹紧和拆卸过程,以减少加工辅助时间。

④装夹方式需有利于数控编程计算的方便和精确,便于编程坐标系的建立。通常要求夹具的坐标方向与机床的坐标方向相对固定,便于建立零件与机床坐标系的尺寸关系。

⑤夹具要敞开,避免加工路径中刀具与夹具元件发生碰撞。

刀具的选择有以下几方面的要求:

①作为自动化加工设备,数控机床加工对刀具有较高的要求,即具有较高的精度、刚度和耐用度。对于高速加工,还要求刀具能够承受高速切削和强力切削。为此,应尽量采用整体硬质合金刀具或镶不重磨机夹硬质合金刀片及涂层刀片。刀具的耐用度应至少能保证加工一个零件或一个工作班的工作时间。

②要根据零件材料的性能、加工工序的类型、机床的加工能力以及准备选用的切削用量来合理地选择刀具。例如,对于铣削平面零件,可采用端铣刀和立铣刀;对于模具加工中常遇到的空间曲面的铣削,通常采用球头铣刀或带小圆角的鼻型刀。

③在凹形轮廓铣削加工中,选用的刀具半径应小于零件轮廓曲线的最小曲率半径,以免产生零件过切,影响加工精度。在不影响加工精度的情况下,刀具半径尽可能取大一些,以保证刀具有足够的刚度和较高的加工效率。

④刀具的结构和尺寸应符合标准刀具系列,特别对于具有自动换刀装置的加工中心,所使用的刀柄和接杆应满足机床主轴的自动松开和拉紧定位,以便快速平稳换刀。

⑤在刀具装入机床主轴前,应进行刀具几何尺寸(半径和长度)的预调。不同的刀具有不同的半径和长度,因而刀具半径补偿、刀具端面到机床或工件的距离也各不相同。通常要使用对刀仪测量出刀具的几何尺寸,并将其存入数控系统,以备加工时使用。

(3)工序划分的原则。

对于需要多道工序才能完成加工的零件,要考虑工序划分。数控加工工序划分有下列方法:

①按加工内容划分工序。对于加工内容较多的零件,按零件结构特点将加工内容分成若干部分,每一部分可用典型刀具加工。例如,加工内腔、外形、平面或曲面等。加工内腔以外形夹紧,加工外形以内腔的孔夹紧。

②按所用刀具划分工序。很多零件在一次装夹中可以完成许多加工内容,这时可以

将用一把刀能够加工完成的所有部位作为一道工序,然后再换第二把刀加工,作为新的一道工序,这样可以减少更换刀具次数,减少空行程时间。

③以粗、精加工划分工序。对于容易发生加工变形的零件,通常粗加工后需要进行矫形,这时粗加工和精加工作为两道工序,可以采用不同的刀具或不同的数控机床加工。

数控加工的工序顺序安排,除依照先基准面加工、先面后孔加工、先粗后精加工等一般原则外,还应利用数控加工具有工序集中的特点,在一次装夹中完成尽可能多的加工。此外,如果在去毛坯或基准面的预加工及次要部位的加工,采用普通机床加工时,还应考虑数控加工和普通加工的衔接问题。在制定工艺文件中应标明对工序的技术要求,如面和孔的精度要求、形位公差、尺寸要求、加工余量大小等。

(4)加工路线的确定。

在确定数控加工的工序以后,还要确定每道工序的加工路线。加工路线的选择从以下几个方面考虑。

①保证被加工零件的精度和表面粗糙度的要求。例如,铣削加工采用顺铣或逆铣会对表面粗糙度产生不同的影响。

②尽量使走刀路线最短,减少空刀时间。例如,有大量孔加工的点阵类零件,要尽量使各点的运动路线总和为最短。在开始接近工件加工时,为了缩短加工时间,通常刀具在Z轴方向快速运动到离零件表面$2 \sim 5$ mm处(称为参考高度),然后以工作进给速度开始加工。

③在数控编程时,还要考虑切入点和切出点的程序处理。用立铣刀的端刃和侧刃铣削平面轮廓零件时,为了避免在轮廓的切入点和切出点留下刀痕,应沿轮廓外形的延长线切入和切出。切入点和切出点一般选在零件轮廓两几何元素的交点处。延长线可由相切的圆弧和直线组成,以保证加工出的零件轮廓形状平滑。在铣削平面轮廓零件时,还应避免在零件垂直表面的方向上下刀,因为这样会留下划痕,影响零件的表面粗糙度。另外,零件轮廓的最终加工应尽量保证一次连续完成。例如,加工槽型零件,应先把槽腔部分铣削掉并在轮廓方向留有一定余量,然后进行轮廓连续精加工,以保证零件表面粗糙度。

(5)对刀方法与坐标系的确定。

无论是手工编程还是自动编程,编程者首先要在零件图上设定编程坐标系。设定原则是,便于计算或便于计算机上的图形输入。在确定了零件的安装方式后,要选择好工件坐标系,工件坐标系应当与编程坐标系相对应。在机床上,工件坐标系的确定是通过对刀的过程实现的。

对刀点可以设在工件上,也可以设在与工件的定位基准有一定关系的夹具某一位置上。其选择原则是对刀方便、对刀点在机床上容易找正、加工过程中便于检查、引起的加工误差要小等。

数控加工过程中需要换刀时,应该设定换刀点。换刀点应设在零件和夹具的外面,以免换刀时撞坏工件或刀具,引起撞车事故。

(6)切削用量的确定。

数控加工中切削用量的确定原则和普通机床加工相同,即根据切削原理中规定的方法以及机床的性能和规定的允许值、刀具的耐用度等来选择和计算,并结合实践经验确定。加工切削用量包括主轴转速、进给速度、切削深度和切削宽度。对粗、精加工,钻、扩、铰、镗孔和攻螺纹等不同的切削用量,都应编写在程序单内。

进给速度 $F(\text{mm}/\text{min})$ 或进给量 $f(\text{mm}/\text{r})$ 是切削用量中的重要参数,应根据零件的加工精度和表面粗糙度要求以及刀具和零件的材料性能来选取。最大进给速度受机床刚度和进给系统性能限制。进给速度是影响刀具耐用度的最大因素。当零件加工表面粗糙度值显著增大或加工表面产生发亮的刀痕以及在切削过程中产生不正常振动时,表明进给速度选择不当或刀具已磨损。高速钢铣刀进给速度与进给量见表1。

表1　高速钢铣刀进给速度与进给量

工件材料	进给速度/ $(\text{mm} \cdot \text{min}^{-1})$	进　给　量/$(\text{mm} \cdot \text{r}^{-1})$		
		铣平面	铣轮廓	端铣刀
镁	91.44	0.127 ~ 0.508	0.101 6 ~ 0.254	0.127 ~ 0.254
铝	76.2	0.127 ~ 0.508	0.101 6 ~ 0.254	0.127 ~ 0.254
青铜和黄铜	45.72	0.101 6 ~ 0.508	0.101 6 ~ 0.254	0.127 ~ 0.254
铜	30.48	0.101 6 ~ 0.254	0.101 6 ~ 0.177 8	0.101 6 ~ 0.203 2
软铸铁	24.38	0.101 6 ~ 0.404 6	0.101 6 ~ 0.228 6	0.101 6 ~ 0.203 2
硬铸铁	15.24	0.101 6 ~ 0.254	0.050 8 ~ 0.152 4	0.050 8 ~ 0.152 4
低碳钢	27.43	0.101 6 ~ 0.254	0.050 8 ~ 0.177 8	0.050 8 ~ 0.254
高合金钢	12.19	0.101 6 ~ 0.254	0.050 8 ~ 0.177 8	0.050 8 ~ 0.152 4
工具钢	15.24	0.101 6 ~ 0.203 2	0.050 8 ~ 0.152 4	0.050 8 ~ 0.152 4
不锈钢	18.29	0.101 6 ~ 0.203 2	0.050 8 ~ 0.152 4	0.050 8 ~ 0.152 4
钛	15.24	0.101 6 ~ 0.203 2	0.050 8 ~ 0.152 4	0.050 8 ~ 0.152 4
高锰钢	9.14	0.101 6 ~ 0.203 2	0.050 8 ~ 0.152 4	0.050 8 ~ 0.152 4

注:对于碳化物切削刀具,平均进给速度可以加倍。

切削深度 $a_{\text{p}}(\text{mm})$ 主要由机床、刀具和零件的刚度来决定。在刚度允许的情况下,尽可能使切削深度等于零件的加工余量,以减少走刀次数,提高加工效率。有时为了保证加工精度和表面粗糙度,可留一定余量,最后精加工走刀。数控机床的精加工余量可较普通机床的精加工余量小。

3. 数控铣削加工工艺文件的编制

数控机床加工工艺文件比普通机床加工工艺文件要复杂和详细,主要包括数控加工工序卡、数控加工程序说明卡及刀具使用卡。

(1)数控加工工序卡。

数控加工工序卡是编制加工程序的工艺依据。工序卡应按已确定的工步顺序填写。工序卡的内容包括工步与走刀的序号,加工部位与尺寸,刀具的编号、型式、规格及刃长,主轴转速,进给速度,切削深度及宽度等。工序卡中应给出加工用的机床型号、数控系统型号、零件草图和装夹示意图。对于一些复杂零件,有时还应给出加工部位示意图。

（2）数控加工程序说明卡。

实践证明，仅有加工程序和工序卡，机床操作者还很难正确完成加工。通常，编程员应编制数控加工程序说明卡，以便使操作者对加工要求和细节一目了然。说明卡应包括以下主要内容：

①编程坐标系的设定和对刀点的选定。

②加工顺序和加工操作类型，如粗、精加工，残留量加工，清角加工，挖槽加工等。

③刀具的补偿方式，如半径左、右补偿，长度正、负补偿，刀号及刀具半径、长度补偿号。

④起刀点、退刀点、换刀点的坐标位置及进、退刀方式。

⑤有子程序调用时，说明子程序的功能和参数。

⑥对称加工使用的对称轴。

（3）刀具使用卡。

刀具使用卡是说明完成一个零件加工所需要的全部刀具，主要包括刀具名称、规格、数量、用途、刀具材料和特殊说明等内容。

四、数控铣削编程要点及注意事项

1. 数控铣削编程要点

（1）了解数控系统功能及机床规格。

（2）熟悉加工顺序。

（3）合理选择刀具、夹具及切削用量、切削液。

（4）编程尽量使用子程序及宏指令。

（5）注意小数点的使用。

（6）程序零点要选择在易计算的确定位置。

（7）换刀点选择在无换刀干涉的位置。

2. 数控铣削编程的注意事项

（1）铣刀的刀位点。

铣刀的刀位点是指在加工程序编制中，用以表示铣刀特征的点，也是对刀和加工的基准点。

对于不同类型的铣刀，其刀位点的确定也不相同。盘铣刀的刀位点为刀具对称中心平面与其圆柱面上切削刃的交点；立铣刀的刀位点为刀具底平面与刀具轴线的交点；球头铣刀的刀位点为球心。因此，在编程之前，必须选择好铣刀的种类，并确定其刀位点，最终确定对刀点。

（2）零件尺寸公差对编程的影响。

在实际加工中，零件各处尺寸的公差带往往不同，若用同一把铣刀，同一个刀具半径补偿值，按基本尺寸编程加工，就很难保证各处尺寸在其公差范围之内，如图 2 所示。对此，可用下述方法来解决。

①图 2 所示标注尺寸改为公差中值尺寸。将图 2 中所有非对称公差带的标注尺寸均

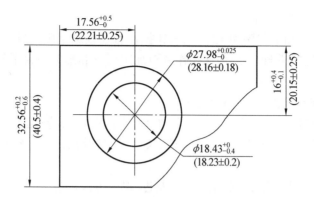

图 2　公差中值标注尺寸

改为中值尺寸,(即图2中用括号表示的基本尺寸),并以此为依据编程,就可以保证零件加工后的尺寸精度要求。

　　②改变封闭尺寸的标注方法。如图3所示的封闭式标注尺寸,作为尺寸标注方法虽然不妥,但仍反映出设计者对零件空间距离的严格要求。为了保证零件加工后的孔间距符合设计意图并便于编程,必须对该封闭式尺寸通过尺寸链计算的方法,对原孔距尺寸进行适当调整,不能简单地取其公差中值尺寸(即图3中各基本尺寸),也不能通过随意删除某些标注尺寸而试图达到解除尺寸封闭的目的。

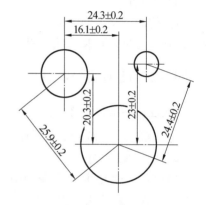

图 3　封闭式标注尺寸

　　(3)安全高度。

　　对于铣削加工,起刀点和退刀点必须离开加工零件上表面一个安全高度,保证刀具在停止状态时,不与加工零件和夹具发生碰撞。在安全高度位置时刀具中心(或刀尖)所在的平面也称为安全面。

　　(4)进刀、退刀方式。

　　对于铣削加工,刀具切入工件的方式不仅影响加工质量,同时直接关系到加工的安全。对于二维轮廓加工,一般要求从侧向进刀或沿切线方向进刀,尽量避免垂直进刀。退刀时也应从侧向或切向退刀。刀具从安全面高度下降到切削高度时,应离开工件毛坯边缘一个距离,不能直接贴着加工。按零件理论轮廓直接下刀,以免发生危险。下刀运动过程不要用快速(G00)运动,而要用(G01)直线插补运动。

　　对于型腔的粗铣加工,一般应先钻一个工艺孔至型腔底面(留一定精加工余量),并扩孔,以便所使用的立铣刀能从工艺孔进刀进行型腔粗加工。型腔粗加工方式一般为从中心向四周扩槽。

　　(5)刀具半径补偿。

　　二维轮廓加工,一般均采用刀具半径补偿。在刀具半径补偿有效之前,刀具应远离零件轮廓适当的距离,且应与选定好的切入点和进刀方式协调,保证刀具半径补偿的有效。

Ⅱ　数控铣床的基本操作

一、数控系统控制面板

数控系统控制面板如图4所示。

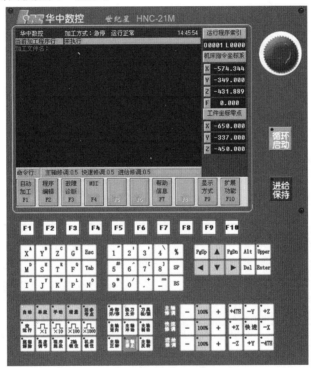

图4　数控系统控制面板

1. MDI 键盘说明(表2)

表2　MDI 键盘说明

名称	功能说明
地址和数字键 X A 2 l	按下这些键可以输入字母、数字或者其他字符
Upper	切换键
Enter	输入键
Alt	替换键

续表2

名称	功能说明
| Del |	删除键
PgUp PgDn	翻页键
光标移动键	有四种不同的光标移动键 ▶ 用于将光标向右或者向前移动 ◀ 用于将光标向左或者往回移动 ▼ 用于将光标向下或者向前移动 ▲ 用于将光标向上或者往回移动

2. 菜单命令条说明

数控系统屏幕的下方就是菜单命令条,如图5所示。

图5　菜单命令条

由于每个功能包括不同的操作,在主菜单条上选择一个功能项后,菜单条会显示该功能下的子菜单。例如,按下主菜单条中的"自动加工 F1"后,就进入自动加工下面的子菜单条,如图6所示。

图6　"自动加工 F1"子菜单

每个子菜单条的最后一项都是"返回 F10"项,按该键就能返回上一级菜单。

3. 快捷键说明

快捷键如图7所示,这些键的作用和菜单命令条是一样的。

图7　快捷键

在菜单命令条及弹出菜单中,每一个功能项的按键上都标注了 F1、F2 等字样,表明要执行该项操作也可以通过按下相应的快捷键来执行。

4.机床操作键说明(表3)

表3　机床操作键说明

名称	功能说明
急停键	用于锁住机床。按下急停键时,机床立即停止运动 急停键抬起后,该键下方有阴影,见图(a);急停键按下时,该键下方没有阴影,见图(b) (a)　　　　　　(b)
循环启动/进给保持	在自动和MDI运行方式下,用来启动和暂停程序
方式选择键	用来选择系统的运行方式 自动　按下该键,进入自动运行方式 单段　按下该键,进入单段运行方式 手动　按下该键,进入手动连续进给运行方式 增量　按下该键,进入增量运行方式 回参考点　按下该键,进入返回机床参考点运行方式 方式选择键互锁,当按下其中一个时(该键左上方的指示灯亮),其余各键失效(指示灯灭)
进给轴和方向选择开关	在手动连续进给、增量进给和返回机床参考点运行方式下,用来选择机床欲移动的轴和方向 其中的快进为快进开关。当按下该键后,该键左上方的指示灯亮,表明快进功能开启,再按一下该键,指示灯灭,表明快进功能关闭
主轴修调	在自动或MDI方式下,当S代码的主轴速度偏高或偏低时,可用主轴修调右侧的100%和+、−键,修调程序中编制的主轴速度 按100%(指示灯亮),主轴修调倍率被置为100%,按一下+,主轴修调倍率递增5%;按一下−,主轴修调倍率递减5%

续表3

名称	功能说明
快速修调	自动或 MDI 方式下,可用快速修调右侧的 ⊡100% 和 ⊞ + 、⊟ − 键,修调 G00 快速移动时系统参数"最高快速度"设置的速度 按 100% (指示灯亮),快速修调倍率被置为 100%,按一下 + ,快速修调倍率递增 10%;按一下 − ,快速修调倍率递减 10%
进给修调	自动或 MDI 方式下,当 F 代码的进给速度偏高或偏低时,可用进给修调右侧的 ⊡100% 和 ⊞ + 、⊟ − 键,修调程序中编制的进给速度 按 100% (指示灯亮),进给修调倍率被置为 100%,按一下 + ,主轴修调倍率递增 10%;按一下 − ,主轴修调倍率递减 10%
增量值选择键	在增量运行方式下,用来选择增量进给的增量值 ×1 为 0.001 mm ×10 为 0.01 mm ×100 为 0.1 mm ×1000 为 1 mm 各键互锁,当按下其中一个时(该键左上方的指示灯亮),其余各键失效(指示灯灭)
主轴旋转键	用来开启和关闭主轴 主轴正转 按下该键,主轴正转 主轴停止 按下该键,主轴停转 主轴反转 按下该键,主轴反转
刀位转换键	在手动方式下,按一下该键,刀架转动一个刀位

续表3

名称	功能说明
超程解除 [超程解除]	当机床运动到达行程极限时,会出现超程,系统会发出警告声,同时紧急停止。要退出超程状态,可按下[超程解除]键(指示灯亮),再按与刚才相反方向的坐标轴键
空运行 [空运行]	在自动方式下,按下该键(指示灯亮),程序中编制的进给速率被忽略,坐标轴以最大快移速度移动
程序跳段 [程序跳段]	自动加工时,系统可跳过某些指定的程序段。如在某程序段首加上"/",且面板上按下该开关,则在自动加工时,该程序段被跳过不执行;而当释放此开关时,"/"不起作用,该段程序被执行
[选择停]	选择停
机床锁住 [机床锁住]	用来禁止机床坐标轴移动。显示屏上的坐标轴仍会发生变化,但机床停止不动

二、手动操作

1.返回机床参考点

进入系统后首先应将机床各轴返回参考点。

按下"回参考点"按键(指示灯亮);按下"+X"按键,X轴立即回到参考点;依同样方法,分别按下"+Y"、"+Z"按键,使Y、Z轴返回参考点。

2.手动移动机床坐标轴

(1)点动进给。

按下"手动"按键(指示灯亮),系统处于点动运行方式;

选择进给速度。按住"+X"或"−X"按键(指示灯亮),X轴产生正向或负向连续移动;松开"+X"或"−X"按键(指示灯灭),X轴减速停止。

依同样方法,按下"+Y"、"−Y"、"+Z"、"−Z"按键,使Y、Z轴产生正向或负向连续移动。

(2)点动快速移动。

在点动进给时,先按下"快进"按键,然后再按坐标轴按键,则该轴将产生快速运动。

(3)点动进给速度选择。进给速率为系统参数"最高快移速度"的1/3乘以进给修调选择的进给倍率。快速移动的进给速率为系统参数"最高快移速度"乘以快速修调选择的快移倍率。

进给速度选择的方法为:

按下进给修调或快速修调右侧的"100%"按键(指示灯亮),进给修调或快速修调倍率被置为100%,按下"+"按键,修调倍率增加5%,按下"-"按键,修调倍率递减5%。

(4)增量进给。

按下"增量"按键(指示灯亮),系统处于增量进给运行方式。

按下增量倍率按键(指示灯亮),按一下"+X"或"-X"按键,X轴将向正向或负向移动一个增量值。

依同样方法,按下"+Y"、"-Y"、"+Z"、"-Z"按键,使Y、Z轴向正向或负向移动一个增量值。

(5)增量值选择。

增量值的大小由选择的增量倍率按键来决定。增量倍率按键有四个挡位:×1、×10、×100、×1 000。即当系统在增量进给运行方式下、增量倍率按键选择的是"×1"按键时,则每按一下坐标轴,该轴移动0.001 mm。

3. 手动控制主轴

(1)主轴正、反转及停止。

确保系统处于手动方式下,设定主轴转速。

按下"主轴正转"按键(指示灯亮),主轴以机床参数设定的转速正转;

按下"主轴反转"按键(指示灯亮),主轴以机床参数设定的转速反转;

按下"主轴停止"按键(指示灯亮),主轴停止运转。

(2)主轴速度修调。

主轴正转及反转的速度可通过主轴修调调节。

按下主轴修调右侧的"100%"按键(指示灯亮),主轴修调倍率被置为100%;

按下"+"按键,修调倍率增加5%,按下"-"按键,修调倍率递减5%。

4. 输入 MDI 指令段

MDI指令段有两种输入方式:一次输入多个指令字和多次输入,每次输入一个指令字。

例如,要输入"G00 X100 Y1000",可以直接在命令行输入"G00 X100 Y1000",然后按Enter键,这时显示窗口内X、Y值分别变为100、1 000。

或者在命令行先输入"G00",按Enter键,显示窗口内显示"G00";再输入"X100"按Enter键,显示窗口内X值变为100;最后输入"Y1000",然后按Enter键,显示窗口内Y值变为1 000。在输入指令时,可以在命令行看见当前输入的内容,在按Enter键之前发现输入错误,可用BS按键将其删除;若在按了Enter键后才发现输入错误或需要修改,只需重新输入一次指令,新输入的指令就会自动覆盖旧的指令。

5. 运行 MDI 指令段

输入完成一个MDI指令段后,按下操作面板上的"循环启动"按键,系统就开始运行所输入的指令。

三、自动运行操作

1. 进入程序运行菜单

在系统控制面板(图4)上,按下"自动加工 F1"按键,进入程序运行子菜单;在程序运行子菜单下,可以自动运行零件程序。

2. 选择运行程序

按下"程序选择 F1"按键,会弹出一个含有两个选项的菜单,如图8所示:"磁盘程序"和"正在编辑的程序"。

图 8　"程序选择 F1"子菜单

当选择了"磁盘程序"时,会出现 Windows 打开文件窗口,用户可在电脑中选择事先编制好的程序文件,选中并按下窗口中的"打开"键将其打开,这时显示窗口会显示该程序的内容。

当选择了"正在编辑的程序",如果当前没有选择编辑程序,系统会弹出提示框,说明当前没有正在编辑的程序,否则显示窗口会显示正在编辑的程序内容。

3. 程序校验

首先打开要加工的程序;

按下机床控制面板上的"自动"键,进入程序运行方式;

在程序运行子菜单下,按"程序校验 F3"按键,程序校验开始;

如果程序正确,校验完成后,光标将返回到程序头,并且显示窗口下方的提示栏显示提示信息,说明没有发现错误。如果出现错误,显示窗口下方的提示栏会显示错误行的信息,以便修改。

4. 启动自动运行

选择并打开零件加工程序;

按下机床控制面板上的"自动"按键(指示灯亮),进入程序运行方式;

按下机床控制面板上的"循环启动"按键(指示灯亮),机床开始自动运行当前的加工程序。

5. 单段运行

按下机床控制面板上的"单段"按键(指示灯亮),进入单段自动运行方式。

按下"循环启动"按键,系统运行一个程序段,机床就会减速停止,刀具、主轴均停止运行。

再按下"循环启动"按键,系统执行下一个程序段,执行完成后再次停止。

四、程序编辑

1. 进入程序编辑菜单

在系统控制面板(图4)上,按下"程序编辑 F2"按键,进入编辑功能子菜单,图9所示。在编辑功能子菜单下,可对零件程序进行编辑等操作。

图9　编辑功能子菜单

2. 选择编辑程序

按下"选择编辑程序 F2"按键,会弹出一个含有三个选项的菜单,如图10所示,磁盘程序、正在加工的程序和新建程序。

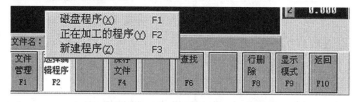

图10　"选择编辑程序 F2"子菜单

当选择了"磁盘程序"时,会出现 Windows 打开文件窗口,用户可在计算机中选择事先编制好的程序文件,选中并按下窗口中的"打开"键将其打开,这时显示窗口会显示该程序的内容。

当选择了"正在加工的程序"时,如果当前没有选择加工程序,系统会弹出提示框,说明当前没有正在加工的程序,否则显示窗口会显示正在加工的程序内容。如果该程序正处于加工状态,系统会弹出提示,提醒用户先停止加工再进行编辑。

当选择了"新建程序"时,显示窗口的最上方出现闪烁的光标,这时就可以开始建立新程序了。

3. 编辑当前程序

在进入编辑状态、程序被打开后,可以将控制面板上的按键结合计算机键盘上的数字和功能键来进行编辑操作。

删除:将光标落在需要删除的字符上,按计算机键盘上的 Delete 键删除错误的内容。

插入:将光标落在需要插入的位置,输入数据。

查找:按下菜单键中的"查找 F6"按键,弹出对话框,在"查找"栏内输入要查找的字符串,然后按"查找下一个",当找到字符串后,光标会定位在找到的字符串处。

删除一行:按"行删除 F8"键,将删除光标所在的程序行。

将光标移到下一行:按下控制面板上的上、下箭头键。每按一下箭头键,窗口中的光标就会向上或向下移动一行。

4. 保存程序

按下"选择编辑程序 F2"按键;

在弹出的菜单中选择"新建程序";

弹出提示框,询问是否保存当前程序,按"是"确认并关闭对话框。

5. 进入数据设置菜单

在系统控制面板(图4)上,按下菜单键中左数第 4 个按键"MDI F4"按键,进入 MDI 功能子菜单,如图 11 所示。

在 MDI 功能子菜单下,可以使用菜单键中的 "刀具表 F2" 和"坐标系 F3"来设置刀具、坐标系数据。

图 11   "MDI F4"子菜单

6. 设置坐标系

按下图 11 中"坐标系 F3"按键,进入手动输入坐标系方式,显示窗口首先显示 G54 坐标系数据,如图 12 所示。

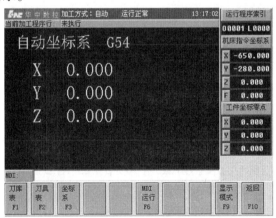

图 12   按"坐标系 F3"后的显示窗口

除了设置 G54 外,还可以设置 G55、G56、G57 、G58 、G59 和当前工件坐标系。按 PgUp 或 PgDn 按键,就可以在上述数据类型中进行选择及设置;

在命令行输入所需数据。输入方法同于前面介绍的"输入 MDI 指令段"的方法。例如,要输入"X200 Y300",可以在命令行输入"X200 Y300",然后按 Enter 键,这时显示窗口中 G54 坐标系的 X、Y 偏置分别为 200、300,如图 13 所示。

7. 设置刀具数据

按下"刀具表 F2"按键,进入刀具设置窗口,进行刀具设置,如图 14 所示。

用鼠标点中要编辑的选项;

输入新数据,然后按 Enter 键确认。

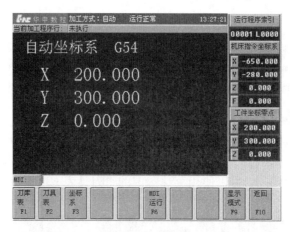

图 13　输入数据

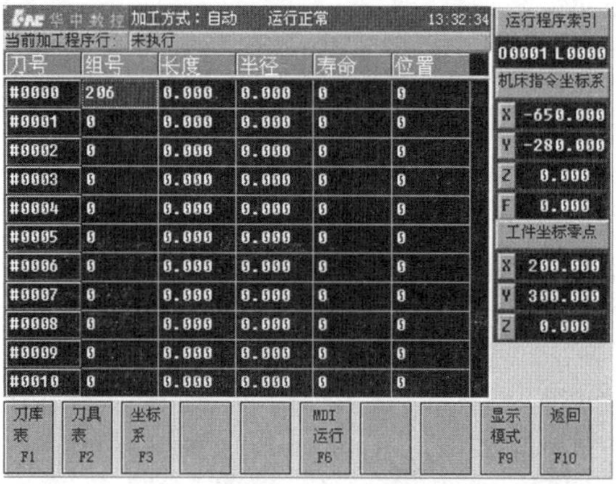

图 14　刀具设置

Ⅲ　数控铣床、加工中心的日常维护与保养

一、数控机床日常维护保养要点

1. 数控系统的维护

（1）严格遵守操作规程和日常维护制度。

数控设备操作人员要严格遵守操作规程和日常维护制度，操作人员技术业务素质的优劣是影响故障发生频率的重要因素。当机床发生故障时，操作者要注意保留现场，并向维修人员如实说明出现故障前后的情况，以利于分析、诊断出故障的原因，及时排除。

（2）防止灰尘污物进入数控装置内部

在机加工车间的空气中一般都会有油雾、灰尘甚至金属粉末，一旦它们落在数控系统内的电路板或电子元器件上，容易引起元器件间绝缘电阻下降，甚至导致元器件及电路板损坏。有的操作者在夏天为了使数控系统能超负荷长期工作，采取打开数控柜的门来散热，这是一种极不可取的方法，其最终将导致数控系统的加速损坏，应该尽量减少打开数控柜门和强电柜门。

（3）防止系统过热。

应该检查数控柜上的各个冷却风扇工作是否正常。每半年或每季度检查一次风道过滤器是否有堵塞现象，若过滤网上灰尘积聚过多，不及时清理，会引起数控柜内温度过高。

（4）定期检查和更换存储用电池。

一般数控系统内对 CMOSRAM 存储器件设有可充电电池来维护电路，以保证系统不通电期间能保持其存储器的内容。在一般情况下，即使尚未失效，也应每年更换一次，以确保系统正常工作。电池的更换应在数控系统供电状态下进行，以防更换时 RAM 内信息丢失。

2. 机械部件的维护

（1）主传动链的维护。

检查主轴冷却的恒温油箱（水箱），及时补充油量，并清洗过滤器；主轴中刀具夹紧装置长时间使用后，会产生间隙，影响刀具的夹紧，需及时调整液压缸活塞的位移量。

（2）滚珠丝杠螺纹副的维护。

定期检查、调整丝杠螺纹副的轴向间隙，保证反向传动精度和轴向刚度；定期检查丝杠与床身的连接是否有松动；丝杠防护装置有损坏要及时更换，以防灰尘或切屑进入。

（3）刀库及换刀机械手的维护。

严禁把超重、超长的刀具装入刀库，以避免机械手换刀时掉刀或刀具与工件、夹具发生碰撞；经常检查刀库的回零位置是否正确，检查机床主轴回换刀点位置是否到位，并及时调整；开机时，应使刀库和机械手空运行，检查各部分工作是否正常，特别是各行程开关和电磁阀能否正常动作；检查刀具在机械手上锁紧是否可靠，发现不正常应及时处理。

3. 液压、气压系统维护

定期对各润滑、液压、气压系统的过滤器或分滤网进行清洗或更换；定期对液压系统进行油质化验检查、添加和更换液压油；定期对气压系统分水滤气器放水。

4. 机床精度的维护

定期进行机床水平和机械精度检查并校正。机械精度的校正方法有软、硬两种。其软方法主要是通过系统参数补偿，如丝杠反向间隙补偿、各坐标定位精度定点补偿、机床回参考点位置校正等；硬方法一般要在机床大修时进行，如进行导轨修刮、滚珠丝杠螺母副预紧调整反向间隙等。

二、数控铣床及加工中心保养规程

1. 机床日常保养

机床日常工作前后要随时进行保养，其保养部位及内容见表4。

表4　机床日常保养部位及内容

序号	保养部位	保养内容及要求
1	外保养	保持机床内外表面。更换产品加工时,视情况清洁工作台面,随时检查并修光毛刺
2	主轴、刀库	保持清洁。开机时检查刀库,工作前主轴需低速运转10 min
3	刀把、刀套	摆放整齐、防锈。检查螺钉应无松动拉毛
4	计算机	外观保持清洁无尘,随时清理垃圾文件,整理好文件夹,文件命名需包括(名称、版本、时间、操作人)等信息
5	电控箱	保持清洁无尘
6	润滑油	检查油池油量,要求润滑机构性能良好,安全可靠
7	冷却液	消除泄漏、堵塞
8	风管、气枪	保持畅通,无漏气现象
9	工具箱、台	保持内外清洁,摆放整齐、工件防锈
10	货架	保持清洁、整齐、防锈

2. 一级保养

机床运行一周,每周周末进行一级保养。时间为1 h左右。

首先切断电源,然后进行保养工作,其保养部位及内容见表5。

表5　机床一级保养部位及内容

序号	保养部位	保养内容及要求
1	外保养	清洗机床内外表面,保持内外清洁,无锈蚀,无黄泡 清洗工作台面,检查并修光毛刺。涂抹油层保护
2	主轴、刀库	清洗刀库,刀把需从主轴上拆卸另放,保持主轴自由状态。用干净软布清洁主轴内外,保持无尘清洁,主轴内涂抹油层保护
3	刀把、刀套	清洗各附件,做到清洁、摆放整齐、防锈。检查螺钉应无松动拉毛
4	计算机	清洁各部位,线扎整齐,保持无尘。杀毒
5	电控箱	清洁电控箱,保持无尘,无锈蚀,无油污,无黄泡
6	润滑油	检查油池油量,要求润滑机构性能良好,安全可靠
7	冷却液	清洗消除泄漏、堵塞
8	工具箱、台	清除积尘和油污,做到内外清洁、摆放整齐、工件防锈
9	货架	清除积尘和油污,做到清洁、整齐、防锈

3. 二级保养

机床运行一月,每月月底进行二级保养,应做好下列工作,并提出备品配件。时间为1.5 h左右。

首先切断电源,然后进行保养工作,其保养部位及内容见表6。

表6　机床二级保养部位及内容

序号	保养部位	保养内容及要求
1	外保养	清洗机床外表面及机床顶部各罩壳。保持内外清洁,无锈蚀,无黄泡 清洗工作台面,检查并修光毛刺,涂抹油层保护
2	主轴、刀库	清洗刀库,刀把需从主轴上拆卸另放,保持主轴自由状态。用干净软布清洁主轴内外,保持无尘清洁,主轴内涂抹油层保护
3	导轨	拆卸导轨护罩,清洁导轨处堆积物,涂抹油层保护。检查限位器,要求性能良好,安全可靠
4	刀把、刀套	清洗各附件,做到清洁、摆放整齐、防锈。检查螺钉应无松动拉毛
5	计算机	清洁各部位,线扎整齐,保持无尘。更新升级杀毒软件
6	电控箱	清洁电控箱,保持无尘、无锈蚀、无油污、无黄泡。清洗后门风扇过滤网
7	润滑油	检查油池油量,要求润滑机构性能良好,安全可靠
8	冷却液	清洗消除泄漏、堵塞
9	工具箱、台	清除积尘和油污,做到内外清洁、摆放整齐、工件防锈
10	货架	清除积尘和油污,做到清洁、整齐、防锈

每三个月彻底更换一次冷却液,须清洗冷却泵、过滤器、冷却槽、水管水阀。消除泄漏、堵塞。

任务六 普通矩形类零件平面、沟槽的数控加工

任　务　单

学习领域	数控加工——数控铣削加工
学习任务	普通矩形类零件平面、沟槽的数控加工(图6.1)
学习目标	1.能用数控铣床加工普通矩形零件的沟槽 2.能编制数控加工工艺
学习内容	**具体要求:** 1.掌握工件坐标系设定方法 2.掌握平面的数控加工工艺及检测方法 3.掌握 V 形槽、T 形槽、燕尾槽的数控加工工艺及检测方法 4.掌握燕尾槽的加工工艺检测方法 5.能够使用基本移动指令编制平面与沟槽的加工程序 6.学会平面的数控铣削方法 7.学会 V 形槽、T 形槽、燕尾槽的数控铣削方法 8.能正确使用卡尺、千分尺、百分表等量具对矩形类零件进行数控加工

具体任务简述	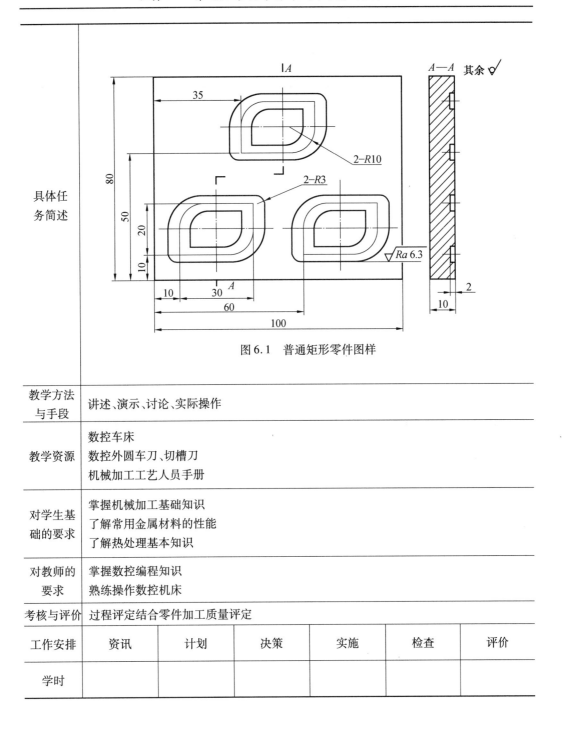 图 6.1　普通矩形零件图样				
教学方法与手段	讲述、演示、讨论、实际操作				
教学资源	数控车床 数控外圆车刀、切槽刀 机械加工工艺人员手册				
对学生基础的要求	掌握机械加工基础知识 了解常用金属材料的性能 了解热处理基本知识				
对教师的要求	掌握数控编程知识 熟练操作数控机床				
考核与评价	过程评定结合零件加工质量评定				
工作安排	资讯	计划	决策	实施	检查	评价
学时						

资　讯　单

学习领域	数控加工——数控铣削加工
学习任务	普通矩形类零件平面、沟槽的数控加工
资讯方式	网络、资料室
资讯问题	1.加工如图 6.1 所示的普通矩形零件时,数控铣床的操作步骤有哪些 2.该零件加工的走刀路线的顺序是什么 3.若该零件的材料为铝合金,可选择什么样的刀具材料 4.加工该零件时应选用哪些类型的刀具 5.加工该零件需要哪些编程指令? 它们的格式是什么 6.测量该零件可采用哪些量具 7.数控铣床的日常维护要点有哪些 8.操作数控铣床时应遵循哪些安全注意事项 9.怎样评价本组完成任务的情况
资讯引导	参考资料:《机械加工手册》《数控加工工艺》《互换性与测量技术》《机械加工企业职工操作规范手册》等
资讯问题 的解决	

知识链接——基本编程方法

1. 常用 G 指令

（1）G90——绝对坐标编程指令。

格式：G90

说明：

该指令表示程序段中的运动坐标数字为绝对坐标值，即从编程原点开始的坐标值。

（2）G91——相对坐标编程指令。

格式：G91

说明：

该指令表示程序段中的运动坐标数字为相对坐标值，即刀具运动的终点相对于起点坐标值的增量。

（3）G00——快速点定位指令。

格式：G00　　X＿＿ Y＿＿ Z＿＿

说明：

①该指令表示刀具以点定位控制方式从所在点以最快的速度移动到目标点。其中，X、Y、Z 为目标点坐标。

②刀具移动速度不需要指定，而是由生产厂家确定，并可在机床说明书中查到。

（4）G01——直线插补指令。

格式：G01　　X＿＿ Y＿＿ Z＿＿ F＿＿

说明：

该指令的作用是指定两个（或三个）坐标以联动的方式，按指定的进给速度 F，插补加工任意的平面（或空间）直线。

如图 6.2 所示，若刀具由起始点 A 直线插补到目标点 B。

用 G90 编程时的程序为

G90　　G01　　X54.0 Y126.0 F100；

用 G91 编程时的程序为

G91　　G01　　X-80.0 Y74.0 F100；

（5）G02、G03——圆弧插补指令。

格式：G02、G03　　X＿＿ Y＿＿ Z＿＿ I＿＿ J＿＿ K＿＿ F＿＿

或：G02、G03　　X＿＿ Y＿＿ Z＿＿ R＿＿ F＿＿

说明：

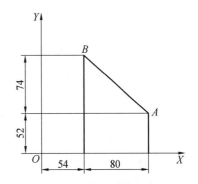

图 6.2　绝对编程与相对编程的区别

①G02 表示顺时针圆弧插补,G03 表示逆时针圆弧插补。

②X、Y、Z 为圆弧终点坐标,I、J、K 为圆心相对圆弧起点的坐标。

③R 为圆弧半径,当圆弧小于或等于 180°时,R 为正值;当圆弧大于 180°时,R 为负值。

④如果圆弧是一个封闭整圆,只能使用分矢量编程。

图 6.3 所示的三段圆弧,使用圆弧半径 R 编程如下:

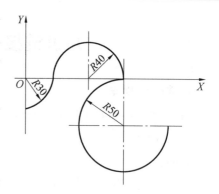

图 6.3　圆弧编程举例

绝对值编程方式为

G90　G92　X0 Y-30.0;

G03　X30.0 Y0 R30.0 F100;

G02　X110.0 Y0 R40.0;

G03　X160.0 Y-50.0 R-50.0;

增量值编程方式为

G91　G03　X30.0 Y30.0 R30.0 F100;

G02　X80.0 Y0 R40.0;

G03　X50.0 Y-50.0 R-50.0;

使用分矢量 I、J 编程如下:

绝对值编程方式为

G90　G92　X0　Y-30.0;

G03　X30.0 Y0　I0　J30.0 F100;

G02　X110.0 Y0 I40.0 J0;

G03　X160.0 Y-50.0 I0 J-50.0;

增量值编程方式为

G91　G03　X30.0 Y30.0 I0 J30.0 F100;

G02　X80.0 Y0 I40.0 J0;

G03　X50.0 Y-50.0 I0 J-50.0;

图 6.4 所示为一封闭整圆,要求由 A 点开始,实现逆时针圆弧插补并返回 A 点。其程序格式为

G90　G03　X40.0 Y0 I-40.0 J0 F100;

或 G91　G03　X0 Y0 I-40.0 J0 F100;

(6)G04——暂停指令。

格式:G04　P-

说明:

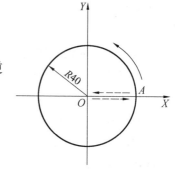

图 6.4　整圆编程

该指令可以使程序暂停一段时间,以便进行某些人为的调整,暂停时间一到,继续执行下一个程序段。

（7）G17、G18、G19——加工平面选择指令。

格式：G17、G18、G19

说明：

①G17 指定刀具在 XY 平面上运动；G18 指定刀具在 ZX 平面上运动；G19 指定刀具在 YZ 平面上运动，如图 6.5 所示。

②由于数控铣床大都在 XY 平面内加工，故 G17 为机床的默认状态，可省略。

图 6.6 所示为半径等于 60 的球面，其球心位于坐标原点 O。刀心轨迹 A→B、B→C、C→A 的圆弧插补程序分别为

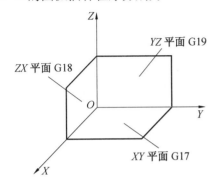

图 6.5　加工平面的选择

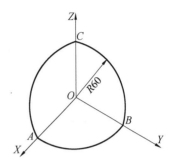

图 6.6　圆弧插补指令的应用

A→B：G17　G90　G03　X0 Y60.0 I−60.0 J0；

B→C：G19　G91　G03　Y−60.0 Z60.0 J−60.0 K0；

C→A：G18　G90　G03　X60.0 Z0 I0 K−60.0；

或：A→B：G17　G90　G03　X0 Y60.0 R60.0

B→C：G19　G91　G03　Y−60.0 Z60.0 R60.0

C→A：G18　G90　G03　X60.0 Z0 R60.0；

（8）G20、G21——英制、公制输入指令。

格式：G20、G21

说明：

①G20、G21 是两个互相取代的 G 代码，一般机床出厂时，将公制输入 G21 设定为参数缺省状态。在一个程序内，不能同时使用 G20 与 G21 指令，且必须在坐标系确定之前指定。

②公制与英制单位的换算关系为：1 mm≈0.394 in；1 in＝25.4 mm。

（9）G27——返回参考点校验指令。

格式：G27　X＿ Y＿ Z＿

说明：

①刀具快速进给，并在指令规定的位置上定位。若所到达的位置是机床零点，则返回参考点的各轴指示灯亮。如果指示灯不亮，则说明程序中所给的指令有错误或机床定位误差过大。

②执行 G27 指令的前提是机床在通电后必须返回过一次参考点（手动返回或 G28 指

令返回)。使用 G27 指令时必须先取消刀具补偿功能,否则会发生不正确的动作。由于返回参考点不是每个加工周期都需要执行,所以可作为选择程序段。G27 程序段执行后,数控系统继续执行下一程序段,若需要机床停止,则必须在该程序段后增加 M00 或 M01 指令,或在单个程序段中运行 M00 或 M01。

(10)G28——自动返回参考点指令。

格式:G28　X__ Y__ Z__

说明:

①参考点是指机械原点或由参数设定的基准点。指令通常用来在参考点换刀,所以返回参考点可以理解为返回换刀点。

②该指令可以使刀具从任何位置,以快速定位方式经过中间点返回参考点,到达参考点时,返回参考点指示灯亮。

③在使用 G28 指令时,必须先取消刀具半径补偿,而不必先取消刀具长度补偿,因为 G28 指令包含刀具长度补偿取消、主轴停止、切削液关闭等功能。所以该指令一般用于自动换刀。

④X、Y、Z 为中间点的坐标。

(11)G29——从参考点自动返回指令。

格式:G29　X__ Y__ Z__

说明:

①该指令使刀具从参考点以快速点定位方式经过中间点返回到返回点。

②中间点的坐标值不需要指定,由前面程序段 G28 指令中设定。通常 G28 和 G29 指令配合使用,使机床换刀后直接返回加工点,而不必计算中间点与参考点之间的实际距离。

③X、Y、Z 为返回点的坐标。

图 6.7 所示为 G28、G29 功能应用实例,按绝对值编程格式如下:

G28　X150.0 Y95.0;	由 A 点快速移至 B 点,再移至 R 点,主轴停取下刀具
T02　M00;	换上 2 号刀
G29　X185.0 Y8.0;	由 R 点经 B 点返回 C 点

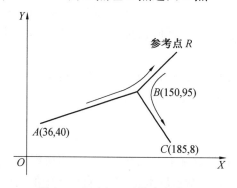

图 6.7　G28 和 G29 指令的设置

(12)G54 ~ G59——程序原点的偏置。

格式:G54~G59

说明:

①在编程时,为了避免尺寸换算,需多次把工件坐标系平移,即将工件坐标原点平移至工件基准处,称为程序原点的偏置。

②一般数控机床可以预先设定6个(G54~G59)工件坐标系,这些坐标系的坐标原点在机床坐标系中的值可用手动数据输入方式输入,存储在机床存储器内,在机床重新开机时仍然存在,在程序中可以分别选取其一使用。

一旦指定了G54~G59之一,则该工件坐标系原点即为当前程序原点,后续程序段中的工件绝对坐标均为相对此程序原点的值。例如以下程序为

N01　G54　G00　G90　X30.0 Y40.0;

⋮

N10　G59;

G00　X30.0 Y30.0;

⋮

在执行G54指令时,系统会选定G54坐标系作为当前工件坐标系,然后再执行G00移动到该坐标中的 A 点;执行G59指令时,系统又会选择G59坐标系作为当前工件坐标系,再执行G00,机床就会移动到刚指定的G59坐标系中的 B 点。

(13)G92——设置工件坐标系。

格式:G92　X＿ Y＿ Z＿

说明:

①在使用绝对坐标指令编程时,预先要确定工件坐标系。

②通过G92可以确定当前工件坐标系程序原点,该坐标系在机床重新开机时消失。

请注意比较G92与G54~G59指令之间的差别和不同的使用方法。G92指令需后续坐标值指定当前工件坐标值,因此需单独一个程序段指定,该程序段中尽管有位置指令值,但并不产生运动。另外,在使用G92指令前,必须保证刀具处于程序原点。执行G92指令后,也就确定了刀具刀位点的初始位置与工件坐标系坐标原点的相对距离,并在CRT上显示出刀具刀位点在工件坐标系中的当前位置。

使用G54~G59建立工件坐标系时,该指令可单独指定(见上面程序N10句),也可与其他程序同段指定(见上面程序N01句),如果该段程序中有位置指令就会使刀具与工件产生相对运动。使用该指令前,先用MDI方式输入该坐标系的坐标原点,在程序中使用对应的指令之一,就可建立该坐标系,并可使用定位指令自动定位到加工起始点。

如图6.8所示描述了一个一次装夹加工三个相同零件的多程序原点与机床参考点之间的关系及偏移计算方法。

采用G92实现原点偏移的有关指令为

G90;　　　　　　　　　绝对坐标编程,刀具位于机床参考点

G92　X6.0 Y6.0 Z0;　　将程序原点定义在第一个零件上的工件原点 W_1

⋮　　　　　　　　　　加工第一个零件

G00　X0 Y0;　　　　　快速返回程序原点

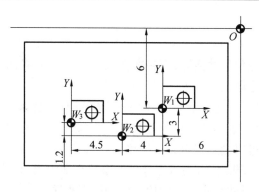

图 6.8 机床参考点向多程序段原点的偏移

G92　X4.0 Y3.0；　　　　　将程序原点定义在第二个零件上的工件原点 W_2

　⋮　　　　　　　　　　　加工第二个零件

G00　X0 Y0；　　　　　　快速返回程序原点

G92　X4.5 Y−1.2；　　　　将程序原点定义在第三个零件上的工件原点 W_3

　⋮　　　　　　　　　　　加工第三个零件

采用 G54～G59 实现原点偏移的有关指令为：

首先设置 G54～G59 原点偏置寄存器。

对于零件 1：G54　X−6.0 Y−6.0 Z0；

对于零件 2：G55　X−10.0 Y−9.0 Z0；

对于零件 3：G56　X−14.5 Y−7.8 Z0；

然后调用

G90　G54

　⋮　　　　　　　　　　　加工第一个零件

G55

　⋮　　　　　　　　　　　加工第二个零件

G56

　⋮　　　　　　　　　　　加工第三个零件

　　显然，对于多程序原点偏移，可先采用 G54～G59 原点偏置寄存器存储所有程序原点与机床参考点的偏移量，然后在程序中直接调用 G54～G59 进行原点偏移是很方便的。

　　采用程序原点偏移的方法还可实现零件的空运行试切加工，具体应用时，将程序原点向 Z 轴方向偏移，使刀具在加工过程中抬起一个安全高度即可。

2. F、S、T、M 代码

（1）进给速度功能 F。

F 代码是续效指令，有两种表示方法：

①代码法。F 后面有 2 位数字，这些数字表示的不是进给速度的大小，而是机床进给速度数列的序号。进给速度数列可以是算术级数，也可以是几何级数。

②直接指定法。F 后面的数字就是表示进给速度的大小，例如 F100 的进给速度是100 mm/min。这种指定方法比较直观，因此，现在大多数数控机床都采用这一方法。

（2）主轴功能 S。

S 代码也是续效指令，用于确定主轴转速，由代码 S 及其随后的每分钟转速数值表示主轴速度，单位是 r/min。

（3）刀具功能 T。

T 代码用于选择所需的刀具，由代码 T 之后的 2 位数字指令表示选择的刀具号。T 代码与刀具的关系是由机床制造厂规定的。

（4）辅助功能 M。

M 代码是机床加工过程的工艺操作指令，即控制机床各种功能开关，由代码 M 和规定的 2 位数字指令表示。各 M 代码功能的规定对不同的机床制造厂来说是不完全相同的，可参考机床说明书。一些通用的 M 指令功能见表 6.1。

表 6.1　M 指令功能表

代码	功能说明
M00	程序停止
M01	选择停止
M02	程序结束
M03	主轴正转启动
M04	主轴反转启动
M05	主轴停止转动
M06	换刀
M08	切削液打开
M09	切削液停止
M30	程序结束
M98	调用子程序
M99	子程序结束

工作计划单

学习领域	数控加工——数控铣削加工	
学习任务	普通矩形类零件平面、沟槽的数控加工	
计划方式	学生计划,教师指导	
序号	实施步骤	使用资源
计划说明		
其他小组方案情况		
决策		

班级		姓名		组长		教师		月　日

工 序 卡

数控加工工序卡

产品型号及名称			数控加工		
学习领域					
项目名称					
工序号					
零件名称					
班级	名称		姓名		
材料	硬度				
零件毛重	零件净重				
	冷却液切削液				
共　页	第　页				
n	T_j		T_d		

工步号	工 步 内 容	设 备	夹具及附具	刀具及附具	量 具	a_p	f	n		

更 改				拟 制		校 对		审 核		
日 期										
签 名										

程 序 单

学习领域	数控加工——数控铣削加工
学习任务	普通矩形类零件平面、沟槽的数控加工
程序名	
程序内容	
加工结果	
评价	

班级		姓名		组长		教师		月 日

任务七　普通矩形类零件内外轮廓的数控加工

任　务　单

学习领域	数控加工——数控铣削加工
学习任务	普通矩形类零件内外轮廓的数控加工(图7.1)
学习目标	1.能用数控铣床加工普通矩形零件的轮廓 2.能编制数控加工工艺
学习内容	具体要求： 1.掌握零件轮廓数控加工工艺方法 2.掌握刀具半径补偿指令的格式 3.掌握刀具长度补偿指令的格式 4.能够使用刀具补偿指令编制内外轮廓的加工程序 5.掌握零件轮廓加工精度的检验方法 6.学会合理选择切削参数,提高刀具耐用 7.学会使用刀具半径补偿指令加工零件内外轮廓 8.学会检测零件内外轮廓的加工精度
具体任务简述	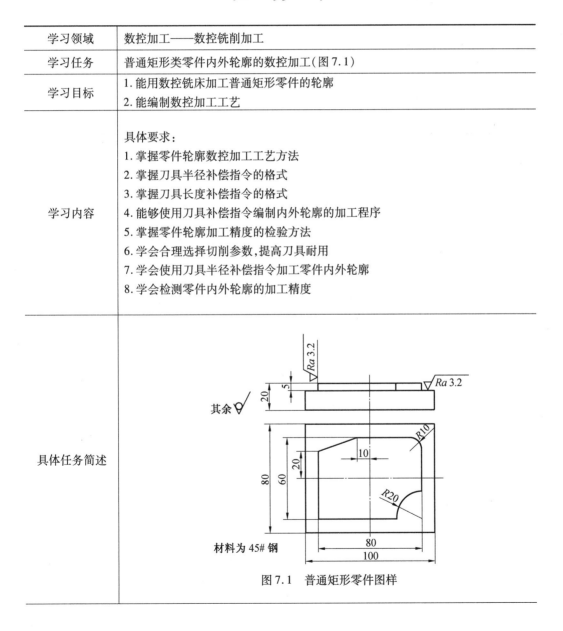 材料为45#钢 图7.1　普通矩形零件图样

教学方法与手段	讲述、演示、讨论、实际操作					
教学资源	数控车床 数控外圆车刀、切槽刀 机械加工工艺人员手册					
对学生基础的 要求	掌握机械加工基础知识 了解常用金属材料的性能 了解热处理基本知识					
对教师的要求	掌握数控编程知识 熟练操作数控机床					
考核与评价	过程评定结合零件加工质量评定					
工作安排	资讯	计划	决策	实施	检查	评价
学时						

资　讯　单

学习领域	数控加工——数控铣削加工
学习任务	普通矩形类零件内外轮廓的数控加工
资讯方式	网络、资料室
资讯问题	1. 加工如图 7.1 所示的普通矩形零件时,数控铣床的操作步骤有哪些 2. 该零件加工的走刀路线的顺序是什么 3. 若该零件的材料为 45#钢,可选择什么样的刀具材料 4. 加工该零件时应选用哪些类型的刀具 5. 加工该零件需要哪些编程指令? 它们的格式是什么 6. 测量该零件可采用哪些量具 7. 加工该零件时刀具半径补偿的参数是如何输入的 8. 使用刀具半径补偿指令有哪些注意事项 9. 怎样评价本组完成任务的情况
资讯引导	参考资料:《机械加工手册》《数控加工工艺》《互换性与测量技术》《机械加工企业职工操作规范手册》等
资讯问题 的解决	

知 识 链 接

1. 铣削轮廓的工艺分析

（1）三种走刀路线。

为保证工件轮廓表面加工后的粗糙度要求，最终轮廓应安排在最后一次走刀中连续加工出来。

如图7.2(a)所示为用行切方式加工内腔的走刀路线。这种走刀能切除内腔中的全部余量，不留死角，不伤轮廓，但行切法将在两次走刀的起点和终点间留下残留高度，而达不到要求的表面粗糙度。如采用图7.2(b)所示的走刀路线，先用行切法，最后沿周向环切一刀，光整轮廓表面，能获得较好的效果。图7.2(c)也是一种较好的走刀路线方式。

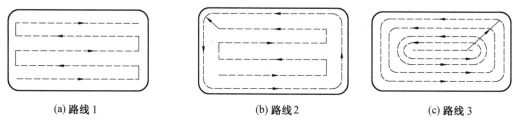

(a) 路线 1　　　　　　　　(b) 路线 2　　　　　　　　(c) 路线 3

图7.2　铣削内腔的三种走刀路线

（2）合理选择切入、切出方向。

进、退刀位置应选在不大重要的位置，并且使刀具尽量沿切线方向进、退刀，避免采用法向进、退刀和进给中途停顿而产生刀痕，刀具的切出或切入点应在沿零件轮廓的切线上，以保证工件轮廓光滑。应避免在工件轮廓面上垂直进、退刀而划伤工件表面。尽量减少在轮廓切削加工过程中的暂停（切削力突然变化造成弹性变形），以免留下刀痕。如图7.3所示。

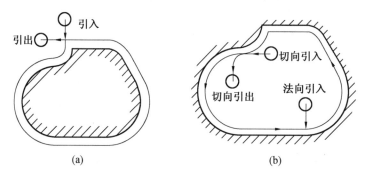

(a)　　　　　　　　　　　　　　(b)

图7.3　刀具的切入、切出方向

（3）选择使工件在加工后变形小的路线。

对横截面积小的细长零件或薄板零件应采用分几次走刀加工到最后尺寸或对称去除余量法安排走刀路线。安排工步时，应先安排对工件刚性破坏较小的工步。

2. 确定定位和夹紧方案

（1）定位装夹的基本原则。

在数控机床上加工零件时，定位安装的基本原则与普通机床相同，也要合理选择定位基准和夹紧方案。为提高数控机床的效率，在确定定位基准与夹紧方案时应注意下列三点：

①力求设计、工艺与编程计算的基准统一。

②尽量减少装夹次数，尽可能在一次定位装夹后，加工出全部待加工表面。

③设计的方案尽量避免占用数控机床进行人工调整，以充分发挥数控机床的效能。

（2）选择夹具的基本原则。

数控加工的特点对夹具提出了两个基本要求：一是要保证夹具的坐标方向与机床的坐标方向相对固定；二是要协调零件和机床坐标系的尺寸关系。除此之外，还要考虑以下几点：

①当零件加工批量不大时，应尽量采用组合夹具、可调式夹具和其他通用夹具，以缩短生产准备时间，节省生产费用。当达到一定批量生产时才考虑使用专用夹具，并力求结构简单。

②零件的装卸要快速、方便、可靠，以缩短机床的停顿时间。

③夹具上各零部件应不妨碍机床对零件各表面的加工。即夹具要开敞，其定位夹紧机构元件不能影响加工中的走刀（如产生碰撞等）。

此外，为提高数控加工的效率，在成批生产中，还可采用多位、多件夹具。例如，在数控铣床或立式加工中心的工作台上，可安装一块与工作台大小一样的平板，既可用它作为大工件的基础板，也可作多个中小工件的公共基础板，依次加工并排装夹的多个中小工件。

④夹紧力的作用点应落在工件刚性较好的部位。

3. 刀具与切削用量的选择

（1）刀具的选择。

选择刀具通常要考虑机床的加工能力、工序内容和工件材料等因素。数控加工不仅要求刀具的精度高、刚度好、耐用度高，而且要求尺寸稳定、安装调整方便。

①数控铣刀的选择。铣削加工选取刀具时，要使刀具的尺寸与被加工工件的表面尺寸和形状相适应。如在生产中加工平面零件周边轮廓时，常采用立铣刀。铣削平面时，应选硬质合金刀片铣刀；加工凸台、凹槽时，应选高速钢立铣刀；加工毛坯表面或粗加工孔时，可选镶硬质合金的立铣刀或玉米铣刀；对一些立体形面和变斜角轮廓外形的加工，常采用球头铣刀、环形铣刀、鼓形刀、锥形刀和盘形刀；曲面加工时常采用球头铣刀，但在加工曲面较平坦部位时，刀具以球头顶端刃切削，切削条件较差，因而应采用环形刀。在单件或小批量生产中，为取代多坐标联动机床，常采用鼓形刀或锥形刀来加工一些变斜角零件。若加镶齿盘铣刀，适用于在五坐标联动的数控机床上加工一些球面，其效率比用球头铣刀高近10倍，并可获得好的加工精度。

②数控钻头和镗刀的选择。由于数控加工一般不用钻模，因此钻孔时钻头刚度较差。

所以要求孔的高径比应不大于5,钻头上两主刀刃应刃磨得对称以减少侧向力。钻孔前应用大直径钻头先锪一个内锥坑或顶窝,作为钻头切入时的定心锥面,同时也作为孔口的倒角。钻孔直径较大时,可采用刚度较大的硬质合金扁钻;钻浅孔时,宜用硬质合金的浅孔钻,以提高效率和质量。用加工中心铰孔可达 IT7 ~ IT9 级精度,表面粗糙度为 $Ra\ 0.8$ ~ $1.6\ \mu m$。铰前要求小于 $Ra\ 6.3\ \mu m$。精铰可采用浮动铰刀,但铰前孔口要倒角。铰刀两刀刃对称度要控制在 $0.02 \sim 0.05\ mm$ 之内。

镗孔则是悬臂加工,应采用对称的两刃或两刃以上的镗刀头进行切削,以平衡径向力,减轻镗削振动。振动大时可采用减振镗杆。对阶梯孔的镗削加工可采用组合镗刀,以提高镗削效率。精镗宜采用微调镗刀。

③加工中心的刀具系统。在加工中心上,各种刀具分别安装在刀库上,按程序规定随时进行选刀和换刀工作。因此,必须有一套连接普通刀具的接杆,以便使钻、镗、扩、铰、铣削等工序用的标准刀具能迅速、准确地装到机床主轴或刀库上去。作为编程人员应了解机床上所用刀杆的结构尺寸以及调整方法、调整范围,以便在编程时确定刀具的径向和轴向尺寸。目前,我国数控机床的加工中心采用 TSG 工具系统,其柄部有直柄(三种规格)和锥柄(四种规格)两类,共包括 16 种不同用途的刀具。

(2)切削用量的选择。

对于高效率的金属切削机床加工来说,被加工材料、切削刀具、切削用量是三大要素。这些条件决定着加工时间、刀具寿命和加工质量。经济的、有效的加工方式,要求必须合理地选择切削用量。

切削用量包括主轴转速(切削速度)、背吃刀量和进给量。对于不同的加工方法,需要选择不同的切削用量,并编入程序单内。

合理选择切削用量的原则是,粗加工时,一般以提高生产率为主,但也应考虑经济性和加工成本,通常选择较大的背吃刀量和进给量,采用较低的切削速度;半精加工和精加工时,在保证加工质量的前提下,兼顾切削效率、经济性和加工成本,通常选择较小的背吃刀量和进给量,并选用切削性能高的刀具材料和合理的几何参数,以尽可能提高切削速度。具体数值应根据机床说明书、切削用量手册并结合实践经验而定。

① 背吃刀量,亦称切削深度,主要根据机床、夹具、刀具和工件的刚度来决定。在刚度允许的情况下,应以最少的进给次数切除加工余量,最好一次切除余量,以便提高生产效率。精加工时,则应着重考虑如何保证加工质量,并在此基础上尽量提高生产率。在数控机床上,精加工余量可小于普通机床,一般取 $0.2 \sim 0.5\ mm$。

②主轴转速 $n(r/min)$ 主要根据允许的切削速度 $v_c(m/min)$ 选取。

$$n = \frac{1\ 000v_c}{\pi D}$$

式中　v_c——切削速度,由刀具的耐用度决定;

　　　D——工件或刀具直径,mm。

主轴转速 n 要根据计算值在机床说明书中选取标准值,并填入程序单中。

③进给量(进给速度)$f(mm/min$ 或 $mm/r)$ 是数控机床切削用量中的重要参数,主要根据零件的加工精度和表面粗糙度要求以及刀具、工件材料性质选取。最大进给量则受

机床刚度和进给系统的性能限制并与脉冲当量有关。

当加工精度、表面粗糙度要求高时,进给速度(进给量)应选小些,一般在20 ~ 50 mm/min范围内选取。粗加工时,为缩短切削时间,一般进给量就取得大些。工件材料较软时,可选用较大的进给量;反之,应选较小的进给量。

4. 刀具半径补偿编程指令

(1)刀具半径补偿的作用。

在数控铣床上进行轮廓的铣削加工时,由于刀具半径的存在,刀具中心轨迹和工件轮廓不重合。如果数控系统不具备刀具半径自动补偿功能,则只能按刀具中心轨迹进行编程,其计算相当复杂,尤其当刀具磨损、重磨或换新刀而使刀具直径变化时,必须重新计算刀具中心轨迹,修改程序,这样既繁琐,又不易保证加工精度。当数控系统具备刀具半径补偿功能时,数控编程只需按工件轮廓进行,数控系统会自动计算刀具中心轨迹,使刀具偏离工件轮廓一个半径值,即进行刀具半径补偿。

(2)刀具半径补偿的方法。

数控系统的刀具半径补偿就是将计算刀具中心轨迹的过程交由 CNC 系统执行,编程人员可假设刀具的半径为零,直接根据零件的轮廓形状进行编程,因此这种编程方法也称为对零件的编程,而实际的刀具半径则存放在一个可编程刀具半径偏置寄存器中,在加工过程中,CNC 系统根据零件程序和刀具半径自动计算刀具中心轨迹,完成对零件的加工。当刀具半径发生变化时,不需要修改零件程序,只需修改存放在刀具半径偏置寄存器中的刀具半径值或选用存放在另一个刀具半径偏置寄存器中的刀具半径所对应的刀具值即可。

现代 CNC 系统都设置有若干个(16、32、64 或更多)可编程刀具半径偏置寄存器,并对其进行编号以专供刀具半径补偿。进行数控编程时,只需调用所需刀具半径补偿参数所对应的寄存器编号即可。加工时,CNC 系统将该编号对应的刀具半径偏置寄存器中存放的刀具半径值取出,对刀具中心轨迹进行补偿计算,生成实际的刀具中心运动轨迹。

(3)刀具半径补偿的分类。

数控铣床的铣削加工刀具半径补偿分为刀具半径左补偿(G41)和刀具半径右补偿(G42)。根据 ISO 标准,当刀具中心轨迹沿前进方向位于零件轮廓左边时,称为左偏刀具半径补偿;反之称为右偏刀具半径补偿。

G41——左偏刀具半径补偿

格式:G41 Dnn

说明:

编程时,使用非零的 Dnn 代码选择正确的刀具半径偏置寄存器号。G41 编制前,刀具半径补偿量必须在刀具半径偏置寄存器中设置完成。G41 一般与 G00 或 G01 指令在同一程序段中使用,以建立刀补。

G42——右偏刀具半径补偿

格式:G42 Dnn

说明:

与 G41 指令的主要区别是:从刀具的进给方向看工件与刀具的相对位置不同,其他说明都相同。

G40——撤销刀具半径补偿

格式：G40

说明：

G40 指令必须与 G41 或 G42 指令成对使用。

（4）刀具半径补偿的过程。

刀具半径补偿的过程分为三步：

第一步是刀具半径补偿的建立。就是在刀具从起点接近工件时，刀具中心从与编程轨迹重合过渡到与编程轨迹偏离一个偏置量的过程。为保证刀具从无刀具半径补偿运动到所希望的刀具半径补偿开始点，应提前建立刀具半径补偿。

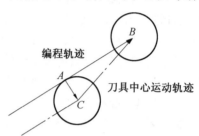

第二步是刀具半径补偿进行。执行有 G41 或 G42 指令的程序段后，刀具中心始终与编程轨迹相距一个偏置量。

第三步是刀具半径补偿的撤销。在最后一段

图 7.4 刀具半径补偿的撤销

刀补轨迹加工完成后，应走一段直线撤销刀补，使刀具中心轨迹过渡到与编程轨迹重合。如图 7.4 所示。

直线情况如图 7.5 所示，刀具欲从始点 A 移至终点 B，当执行有刀具半径补偿指令的程序后，将在终点 B 处形成一个与直线 AB 相垂直的新矢量 $\boldsymbol{BC}$，刀具中心由 A 移至 C 点。沿着刀具前进方向观察，在 G41 指令时，形成的新矢量在直线的左边，刀具中心偏向编程轨迹的左边；而 G42 指令时，刀具中心偏向编程轨迹的右边。

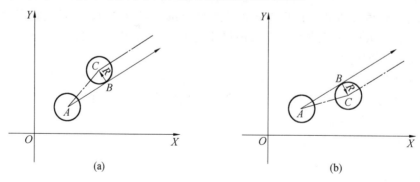

(a)   (b)

图 7.5 刀具半径补偿（直线情况）

圆弧情况如图 7.6 所示，B 点的偏移矢量与圆弧过 C 点的切线相垂直。圆弧上每一点的偏移矢量方向总是变化的，由于直线 AB 和圆弧相切，所以在 B 点，直线和圆弧的偏移矢量重合，方向一致，刀具中心都在 C 点。若直线和圆弧不相切则这两个矢量方向不一致，此时要进行拐角过渡处理。

从图 7.5 和图 7.6 可见，刀具中心由 A 点移动到 C 点后，G41 或 G42 指令在 G01、G02 或 G03 指令配合下，刀具中心运动轨迹始终偏离编程轨迹一个刀具半径的距离，直到取消刀具半径补偿为止。

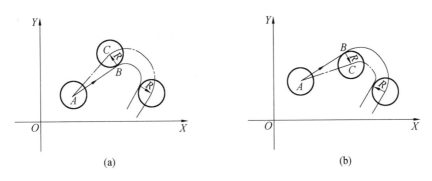

图 7.6 刀具半径补偿(圆弧情况)

(5)偏移状态的转换。

刀具偏移状态从 G41 转换为 G42 或从 G42 转换为 G41,通常都需要经过偏移取消状态,即 G40 程序段。但在 G00 或 G01 状态时,可以直接转换。如图 7.7 所示。

(6)刀具偏移量的改变。

改变刀具偏移量通常要在偏移取消状态下,在换刀时进行。但在 G00 或 G01 状态下,也可以直接进行。如图 7.8 所示。

(7)偏移量正负与刀具中心轨迹的位置关系。

偏移量取负值时的 G41 指令功能相当于偏移量取正值时的 G42 指令功能;反之,偏移量取正值时的 G41 指令功能相当于偏移量取负值时的 G42 指令功能。

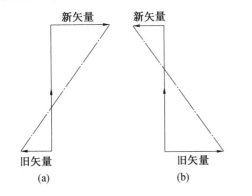

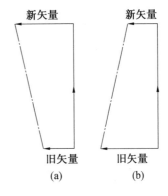

图 7.7 偏移状态的改变

图 7.8 偏移量的改变

如图 7.9 所示零件,建立左偏刀具半径的有关指令如下:

G90　G92　X-10.0 Y-10.0 Z0;　　　起刀点坐标为(-10,-10,0)

S900　M03;　　　启动主轴

G17　G01　G41　X0 Y0 D01;　　　补偿偏置寄存器号 D01

Y50.0;　　　定义首段零件轮廓

　⋮

建立右偏刀具半径的有关指令如下:

G90　G92　X-10.0 Y-10.0 Z0;

```
S900   M03;
G17   G01   G42   X0 Y0 D02;              补偿偏置寄存器号 D02
X50.0 ;                                   定义首段零件轮廓
   ⋮
```

如图 7.10 所示 AB 轮廓曲线,若直径为 φ20 mm 的铣刀运动轨迹为:O→A→B→C→O,加工程序为

```
G90   G17   G41   G00   X32.0 Y24.0 D01;   O→A,建立刀具半径补偿,D01 中的值
                                           为 10
G02   X97.0 Y31.0 R40.0 F180;             A→B,点画线为刀具中心运动轨迹
G40   G00   X124.0 Y0;                    B→C,撤销刀具半径补偿
G00   X0;                                 C→O
M02;
```

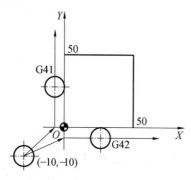

图 7.9　建立刀具半径补偿

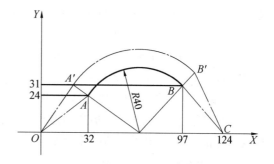

图 7.10　左偏刀具半径补偿的应用

(8)刀具半径补偿的应用。

①因磨损、重磨或换新刀而引起刀具直径改变后,不必修改程序,只需在刀具参数设置中输入变化后的刀具直径即可。

②同一程序中,对同一尺寸的刀具,利用刀具半径补偿,可进行粗精加工。

如图 7.11 所示。刀具半径为 r,精加工余量为 Δ。粗加工时,输入偏置量($r+\Delta$),则加工出点画线轮廓;精加工时,用同一程序,同一刀具,但输入偏置量 r,则加工出实线轮廓。

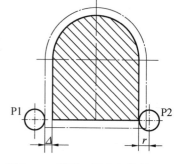

图 7.11　利用刀具半径补偿进行粗精加工

工作计划单

学习领域	数控加工——数控铣削加工	
学习任务	普通矩形类零件内外轮廓的数控加工	
计划方式	学生计划,教师指导	
序号	实施步骤	使用资源
计划说明		
其他小组方案情况		
决策		

班级		姓名		组长		教师		月 日

工 序 卡

数控加工工序卡

材料为45#钢

其余 ∇

$\sqrt{Ra\,3.2}$

尺寸：20、5、10、20、60、80、80、100、R10、R20

	产品型号及名称		
	学习领域名称	数控加工	
	项目名称		
	工序号		
	零件名称		
	班级		姓名
	材料	名称	
		硬度	
	零件毛重	零件净重	
	冷却液切削液		
	共　页	第　页	

工步号	工步内容	夹具及附具	刀具及附具	量具	设备	n	f	a_p	T_j	T_d	负荷

更改		拟制	校对	审核
日期				
签名				

程 序 单

学习领域	数控加工——数控铣削加工
实学习任务	普通矩形类零件内外轮廓的数控加工
程序名	
程序内容	
加工结果	
评价	

班级		姓名		组长		教师		月 日

任务八　带孔系箱体类零件的数控加工

任　务　单

学习领域	数控加工——数控铣削加工
学习任务	带孔系箱体类零件的数控加工(图8.1)
学习目标	1.能利用子程序和循环指令在加工中心加工零件 2.能编制数控加工工艺
学习内容	**具体要求：** 1.掌握在数控铣床及加工中心上钻孔、铰孔和镗孔的数控工艺 2.掌握在数控铣床及加工中心上加工孔系的数控工艺 3.掌握在数控铣床上加工孔系的指令格式 4.熟悉特型面的数控铣削工艺 5.掌握子程序的指令格式 6.掌握镜像、旋转、缩放指令的格式 7.学会使用自动换刀指令换刀 8.学会使用对刀仪对刀 9.学会使用循环指令加工孔系类零件 10.学会使用子程序加工零件 11.学会使用镜像、旋转、缩放指令加工特型面零件 12.学会孔系精度的检验

具体任务 简述	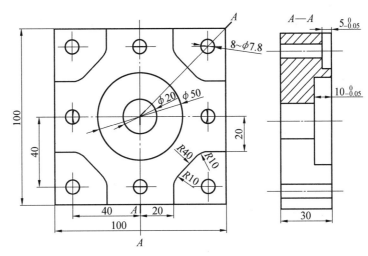 图 8.1　孔系类零件
教学方法 与手段	讲述、演示、讨论、实际操作
教学资源	数控车床 数控外圆车刀、切槽刀 机械加工工艺人员手册
对学生基 础的要求	掌握机械加工基础知识 了解常用金属材料的性能 了解热处理基本知识
对教师的 要求	掌握数控编程知识 熟练操作数控机床
考核与评价	过程评定结合零件加工质量评定

工作安排	资讯	计划	决策	实施	检查	评价
学时						

资 讯 单

学习领域	数控加工——数控铣削加工
学习任务	带孔系箱体类零件的数控铣削加工
资讯方式	网络、资料室
资讯问题	1.加工如图8.1所示零件时,加工中心的操作步骤有哪些 2.该零件加工的走刀路线的顺序是什么 3.若该零件的材料为45#钢,可选择什么样的刀具材料 4.加工该零件时应选用哪些类型的刀具 5.加工该零件需要哪些编程指令? 它们的格式是什么 6.测量该零件可采用哪些量具 7.加工该零件时,子程序是如何调用的 8.编制子程序有哪些注意事项 9.怎样评价本组完成任务的情况
资讯引导	参考资料:《机械加工手册》《数控加工工艺》《互换性与测量技术》《机械加工企业职工操作规范手册》等
资讯问题 的解决	

知 识 链 接

1. 刀具长度补偿

（1）刀具长度补偿的作用。

刀具长度补偿用来补偿刀具长度方向尺寸的变化。为了简化零件的数控加工编程，使数控程序与刀具形状和刀具尺寸尽量无关，现代 CNC 系统除了具有刀具半径补偿功能外，还具有刀具长度补偿功能。数控机床规定传递切削动力的主轴为 Z 轴，所以通常是在 Z 轴方向进行刀具长度补偿。在编写工件加工程序时，先不考虑实际刀具的长度，而是按照标准刀具长度或确定一个编程参考点进行编程，如果实际刀具长度和标准刀具长度不一致时，可以通过刀具长度补偿功能实现刀具长度差值的补偿。这样，避免了加工运行过程中要经常换刀，而每把刀具长度的不同会给工件坐标系设定带来困难。否则，如果第一把刀具正常切削工件后再更换一把稍长的刀具，若工件坐标系不变，零件将被过切。

刀具长度补偿要视情况而定。一般而言，刀具长度补偿对于两坐标和三坐标联动数控加工有效，但对于刀具摆动的四、五坐标联动数控加工，刀具长度补偿则无效，在进行刀位计算时可以不考虑刀具长度，但后置处理计算过程中必须考虑刀具长度。

（2）刀具长度补偿的方法。

刀具长度补偿在发生作用前，必须先进行刀具参数的设置。设置的方法有机内试切法、机内对刀法和机外对刀法。对数控铣床而言，较好的方法是采用机外对刀法。不管采用哪种方法，所获得的数据都必须通过手动数据输入（MDI）方式将刀具参数输入数控系统的刀具参数表中。

在加工过程中，为了控制切削深度或进行试切加工，也经常使用刀具长度补偿。采用的方法是：加工之前在实际刀具长度上加上退刀长度，存入刀具长度偏置寄存器中，加工时使用同一把刀具，而调用加长后的刀具长度值，从而可以控制切削深度，而不用修正零件加工程序。

（3）刀具长度补偿的分类。

对于数控铣床，刀具长度补偿分为刀具长度正补偿（或离开工件补偿）和刀具长度负补偿（或趋向工件补偿）。使用非零的 Hnn 代码选择正确的刀具长度偏置寄存器号。在最后一段刀补轨迹加工完成后，应走一段直线撤销刀补。

G43——刀具长度正补偿

格式：G43　Hnn

说明：

G43 发生前，刀具长度补偿值必须在刀具长度偏置寄存器中设置完成。执行 G43 指令时，刀具移动的实际距离等于指令值加长度补偿值。在同一程序段中既有运动指令，又有刀具长度补偿指令时，数控机床首先执行刀具长度补偿指令，然后执行运动指令。

G44——刀具长度负补偿

格式：G44　Hnn

说明：

执行 G44 指令时,刀具移动的实际距离等于指令值减长度补偿值。其他功能与 G43 指令相同。

G49——取消刀具长度补偿

格式:G49

说明:

G49 指令必须与 G43 或 G44 指令成对使用。

如果刀具长度偏置寄存器 H01 中存放的刀具长度值为 10,对于数控铣床,执行语句为

G90　G01　G43　Z−15.0 H01;

刀具实际运动到 Z(−15+10)=Z−5 的位置,如图 8.2(a)所示。

如果该语句改为

G90　G01　G44　Z−15.0 H01;

则执行该语句后,刀具实际运动到 Z(−15−10)=Z−25 的位置,如图 8.2(b)所示。

从上例可以看出,在程序命令方式下,可以通过修改刀具长度偏置寄存器中的值来达到控制切削深度的目的,而无需修改零件加工程序。机床操作者必须十分清楚刀具长度补偿的原理和操作。数控编程员则应记住:零件数控加工程序假设的是刀尖(或刀具中心)相对于工件的运动,刀具长度补偿的实质是将刀具相对于工件的坐标由刀具长度基准点(或称刀具安装定位点)移到刀尖(或刀具中心)位置。

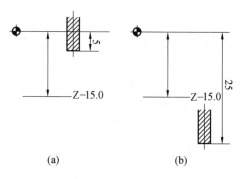

图 8.2　刀具长度补偿

2. 拐角的过渡处理及其指令

(1)拐角过渡处理及其指令。

数控铣床铣削拐角轮廓时,若刀具中心位移量与轮廓尺寸相同时,有可能发生过切现象或刀具中心轨迹不能连续现象,如图 8.3 所示。为此,在编写零件加工程序时,应考虑拐角的过渡轨迹,合理安排过渡程序。

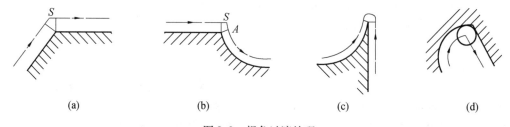

图 8.3　拐角过渡处理

图 8.3 为拐角过渡处理常用的例子。图 8.3(a)中的拐角是由直线与直线轮廓线形成的拐角,编写程序时,刀具的中心轨迹必须延伸至过渡点 S,S 点应是两条刀具中心轨迹

的交点。图 8.3(b)是由直线与圆弧轮廓曲线形成的拐角,编写程序时,刀具移动时的中心轨迹必须延伸至过渡点 S,再沿直线 SA 编写一段直线加工程序,然后编写圆弧加工程序。图 8.3(c)是圆弧与直线轮廓线形成的拐角,加工程序中,增加三段直线程序。图 8.3(d)是内轮廓刀具中心轨迹。

(2)G39——拐角过渡处理指令。

格式:G39　I__ J__

说明:

①全功能数控铣床中,CNC 系统可以自动实现零件轮廓各种拐角组合形式的折线型尖角过渡。某些数控铣床中,在零件的外拐角处必须人为编制出附加圆弧插补程序段 G39 指令,才能实现尖角过渡。

②I、J 表示刀具中心绕拐角点旋转后的方向。

③G39 只有在 G41 或 G42 已经指定的情况下有效。

图 8.4(a)是直线与直线轮廓线形成的拐角。编程时,在拐角点 A 处增加一段拐角过渡 G39 指令,I、J 取 B 点相对 A 点的增量坐标值,其加工程序如下:

G91;	增量尺寸编程
G41　D01;	圆弧半径自动左补偿
⋮	
G01　X83.0 Y112.0;	进给到 A 点
G39　I126.0 J27.0;	刀具以 A 点为圆心旋转至 AB 方位
G01　X126.0 Y27.0;	进给到 B 点
⋮	

图 8.4(b)是直线与圆弧轮廓线形成的拐角,在 A 点执行 G39 指令旋转后的方向应是过 A 点作圆弧的切线 AB 的方向,因为 △ABC 和 △AOD 是相似三角形,所以,B 点相对 A 点的增量坐标值可以用圆弧圆心 O 点相对 A 点的增量坐标值代替。因此,如果知道圆弧中心坐标值,就可直接使用圆弧中心坐标值,其程序如下:

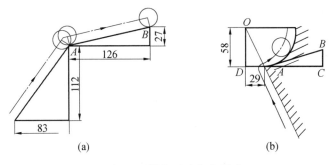

(a)　　　　　　　　　　　　　(b)

图 8.4　拐角过渡指令形式

G91;	
G41　D01;	
⋮	
G01　X−20.0 Y40.0;	进给到 A 点

G39　I58.0 J29.0；　　　　　　　　刀具以 *A* 点为圆心旋转至 *AB* 方位

G03　X14.15 Y25.0 I−29.0 J58.0；　　逆时针圆弧插补至 *B* 点

　　⋮

例1　图8.5 为拐角过渡指令 G39 应用实例。其程序清单如下：

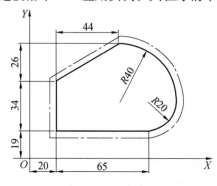

图 8.5　G39 应用实例

O0001

G91　G00　G41　X20.0 Y19.0 D01；　增量编程，左偏刀具半径补偿

G01　Z−20.0 F100；　　　　　　　　*Z* 轴负方向进给 20 mm

　　Y34.0 F240；　　　　　　　　　　*Y* 轴方向进给 34 mm

G39　I44.0 J26.0；　　　　　　　　环绕拐角旋转

G01　X44.0 Y26.0；　　　　　　　　沿斜线进给

G39　I40.0　　　　　　　　　　　　环绕拐角旋转

G02　X40.0 Y−40.0 R40.0；　　　　加工 *R*40 圆弧

　　X−20.0 Y−20.0 R20.0；　　　　加工 *R*20 圆弧

G01　X−65.0；　　　　　　　　　　*X* 轴负方向进给 65 mm

G00　Z20.0；　　　　　　　　　　　*Z* 轴正方向快退 20 mm

G40　X−20.0 Y−19.0；　　　　　　取消刀补，返回原点

M30；　　　　　　　　　　　　　　程序结束

3. 刀具位置偏置

刀具位置偏置是指刀具沿某个方向相对于编程距离伸长或缩短一定的距离。伸长或缩短的距离值决定于相应参数地址所设定的数值。

刀具位置偏执指令功能见表8.1。这种功能仅在指定的程序段有效，是非模态指令，刀具位置补偿值地址代码为 D。

表 8.1　刀具位置偏置功能

代码	功　　能
G45	刀具运动方向上扩大一个偏置量
G46	刀具运动方向上缩小一个偏置量
G47	刀具运动方向上扩大两倍偏置量
G48	刀具运动方向上缩小至 1/4 偏置量

　　在绝对值指令中,当指令移动量为 0 时,虽然该程序段同时指定了偏置量,机床仍然不移动。例如:G90　G00　X0 D01,即使 D01 中的偏置量不为 0,机床仍不移动。

　　在增量值指令中,当指定移动量为 0 时,若指定了偏置量,则机床移动。移动情况如下所示(设偏置量为+10.28,偏置号为 D01):

　　指令:G91 G45 X0 D01　　G91 G45 X-0 D01　　G91 G46 X0 H01　　G91 G46 X-0 D01

　　移动量:　X10.28　　　　　　X-10.28　　　　　　X-10.28　　　　　　X10.28

　　指令:G91 G47 X0 D01　　G91 G47 X-0 D01　　G91 G48 X0 H01　　G91 G48 X-0 D01

　　移动量:　X20.56　　　　　　X-20.56　　　　　　X-20.56　　　　　　X20.56

　　例2　图 8.6 是刀具位置偏置功能应用实例,图中使用立铣刀铣削工件侧面,工件轮廓形状如图中实线所示,立铣刀直径 ϕ 20 mm,偏置量应是 10 mm,将此值存入 D01 中。铣削加工程序如下:

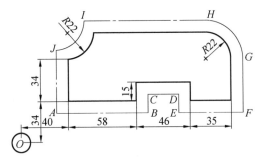

图 8.6　刀具位置偏置功能应用实例

O0002

G91;	增量编程
G46　G00　X40.0 Y34.0 D01;	缩短一半偏置量,至 *A* 点
G47　G01　X58.0 F120;	延长 2 倍偏置量,至 *B* 点
Y15.0;	至 *C* 点
G48　X46.0;	缩短至 $\frac{1}{4}$ 偏置量,至 *D* 点
Y-15.0;	至 *E* 点
G47　X35.0;	延长 2 倍偏置量,至 *F* 点
G45　Y34.0;	延长 1 倍偏置量,至 *G* 点
G45　G03　X-22.0 Y22.0 I-22.0;	延长 1 倍偏置量,至 *H* 点
G45　G01　X-95.0;	延长一半偏置量,至 I 点
G46　Y0;	缩短一半偏置量
G46　G02　X-22.0 Y-22.0 I-22.0;	缩短一半偏置量,至 *J* 点
G46　X0;	缩短一半偏置量
G47　Y-34.0;	延长 2 倍偏置量,至 *A* 点
G46　X-40.0 Y-34.0;	缩短一半偏置量,至 *O* 点

使用刀具位置偏置指令时应注意以下几点:

①两坐标联动(执行插补指令)时,如果程序段中使用了刀具位置偏置指令,刀具的偏置量对两个坐标值同样有效。

②对于圆弧插补指令程序段中,G45～G48只在1/4或3/4圆的情况中起作用。编程时,起点不要设在圆弧的起点上,否则刀具中心轨迹与编程轨迹不是同心圆。

③加工斜面时,使用刀具位置偏置指令不当,会产生过切现象或欠切现象。

④使用刀具半径补偿指令编程时,不允许再用刀具位置补偿指令,否则,机床会产生报警。

4. 固定循环功能

钻孔、镗孔、深孔钻削、攻螺纹、拉镗等加工工序所需完成的顺序动作十分典型,并且在同一个面上有时需要完成数个相同的加工顺序动作,如图8.7所示。每个孔的加工过程相同:快速进给、工进钻孔、快速退出,然后在新的位置定位后重复同样的动作。编写程序时,同样的程序段需要编写若干次,十分麻烦。使用固定循环功能,可以大大简化程序的编制。表8.2是FANUC系统的固定循环功能,包括12种固定循环指令和1种取消固定循环指令(G80)。

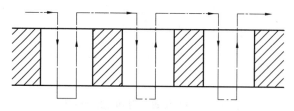

图8.7　孔加工路线

表8.2　固定循环功能表

G 代码	开孔动作(−Z 方向)	在孔底的动作	退刀方式	用　途
G73	间歇进给	—	快速	高速深孔加工循环
G74	切削进给	暂停-主轴正转	切削进给	攻螺纹
G76	切削进给	主轴准停	快速	精镗循环
G80	—	—	—	取消固定循环
G81	切削进给	—	快速	钻孔、钻中心孔
G82	切削进给	暂停	快速	锪孔、镗阶梯孔
G83	间歇进给	—	快速	渐进钻削循环
G84	切削进给	暂停-主轴反转	切削进给	攻螺纹循环
G85	切削进给	—	切削进给	镗孔循环
G86	切削进给	主轴停止	快速	镗孔循环
G87	切削进给	主轴正转	快速	反镗循环
G88	切削进给	暂停-主轴停止	手动	镗孔循环
G89	切削进给	暂停	切削进给	镗孔循环

（1）固定循环组成及固定循环代码。

①固定循环的组成。图8.8所示的固定循环由以下6个动作组成：

动作1——X、Y轴定位，使刀具快速定位到孔加工的位置；

动作2——Z轴快速移动到R点；

动作3——孔加工，以切削进给的方式执行孔加工的动作；

动作4——在孔底的动作，包括暂停、主轴准停、刀具移位等动作；

动作5——返回到R点，继续孔的加工而又可以安全移动刀具时选择R点；

动作6——快速返回到初始点，孔加工完成后一般应选择初始点。

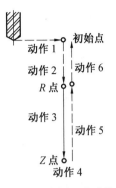

图8.8 固定循环的动作

固定循环坐标轴定位只能在XY平面内，要加工孔在Z轴方向上，其他平面内无法定位加工，因此与平面选择G代码（G17、G18、G19）无关。

②固定循环代码。组成一个固定循环，要用到以下三组代码：

第一组数据格式代码：G90和G91。

固定循环指令中地址R与地址Z的数据指定与G90或G91的方式选择有关。在G90方式下，R与Z一律取其终点坐标值，如图8.9（a）所示。在G91方式下，R是自初始点到R点间的距离，Z是自R点到孔底平面上Z点的距离，如图8.9（b）所示。

第二组返回点代码：G98和G99。

由G98和G99决定刀具在返回时到达的平面。指定G98，则刀具返回到初始点所在平面，如图8.10（a）所示。指定G99则刀具返回到R点所在平面，如图8.10（b）所示。

第三组孔的加工方式代码：G81～G89。

见表8.2。

当指定G90时，数据给定方式如图8.9（a）所示，指定G91时，数据给定方式如图8.9（b）所示。两者的区别是G90编程方式中的Z、R点的数据是工件坐标系Z轴的坐标值，而G91编程方式中的Z、R点的数据是相对前一点的增量值。

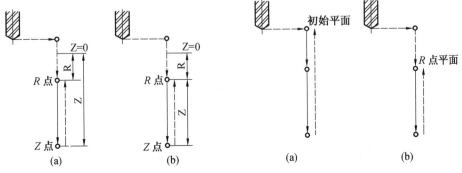

图8.9 G90与G91的坐标计算　　　图8.10 G98与G99的区别

初始点是为安全下刀而规定的点，该点到零件表面的距离可以任意设定在一个安全的高度上。R 点又称参考点,是刀具下刀时由快进转为工进的转换起点,距工件表面的距离主要考虑工件表面尺寸的变化,一般可取 2 ~ 5 mm。

加工盲孔时孔底平面就是孔底的 Z 轴高度;加工通孔时一般刀具还要伸出工件底平面一段距离,以保证孔深加工到规定尺寸。钻削加工时还应考虑钻头钻尖对孔深的影响。

③固定循环的指令格式。

固定循环的指令格式为

G90(G91)　G98(G99)　G73 ~ G89　X__ Y__ Z__ R__ Q__ P__ F__ L__

X、Y——平面点定位坐标值,可以用绝对值,也可以用增量值;

Z——使用绝对值时,表示从 Z 坐标轴原点到孔底 Z 点的距离,使用增量值时,表示从 R 点到孔底 Z 点的距离,参考图 8.9;

R——使用绝对值时,表示从 Z 坐标轴原点到 R 点的距离,使用增量值时,表示从起始点到 R 点的距离,参考图 8.9;

Q——在 G73 或 G83 指令中,指定每次进给的深度,G76 或 G87 指令中,指定刀具的位移量,用增量值给定;

P——刀具在孔底的暂停时间;

F——切削进给速度;

L——固定循环次数,不指定只进行一次。

G73 ~ G89 指令中 Z、R、P、Q 都是模态代码。固定循环加工方式一旦被指定后,在加工过程中保持不变,直到指定其他循环孔加工方式或使用 G80 指令取消固定循环为止,若程序中使用代码 G00、G01、G02、G03 时,循环加工方式及其加工数据也全部被取消。所以,加工同一种孔时,加工方式连续执行,不需要对每个孔重新指定加工方式。因而在使用固定循环功能时,应给出循环孔加工所需要的全部数据,在固定循环过程中只给出需要改变的数据。

(2)常用的固定循环指令。

①G81——钻削固定循环指令。

格式:G81　X__ Y__ Z__ R__ F__

说明:

主轴正转,刀具以进给速度向下运动钻孔,到达孔底位置后,快速退回(无孔底动作),如图 8.11 所示。本指令属于一般孔钻削加工固定循环指令。

例 3　加工如图 8.12 所示零件,要求用 G81 加工所有的孔,其数控加工程序如下:

O00003

G92　X0 Y0 Z0;　　　　　　　　　建立工件坐标系

T01　M06;　　　　　　　　　　　选用 T01 号刀具(ϕ10 钻头)

G90　G00　Z30.0 M08;　　　　　刀具到达安全高度,冷却液开

G00　X10.0 Y10.0;　　　　　　　刀具快速定位到#1 孔

S1000 M03;　　　　　　　　　　设定主轴转速

G99　G81　Z-15.0 R5.0 F70;　　钻#1 孔

X50.0;	钻#2 孔
Y30.0;	钻#3 孔
X10.0;	钻#4 孔
G80;	取消钻孔循环
G00　Z30.0;	刀具到达安全高度
M05;	主轴停止
G00　X0 Y0;	刀具回原点
M30;	程序结束

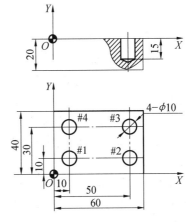

图 8.12　加工零件

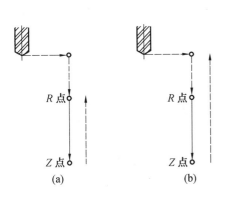

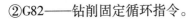

(a)　　　　　(b)

图 8.11　G81 钻削固定循环

②G82——钻削固定循环指令。

格式:G82　X__ Y__ Z__ R__ P__ F__

说明:

与 G81 的主要区别是:仅在孔底增加了进给暂停动作,即当钻头加工到孔底位置时,刀具不做进给运动,而保持旋转状态,使孔的表面更光滑。本指令适用于锪孔或镗阶梯孔,如图 8.13 所示。

③G73——高速深孔钻削固定循环指令。

格式:G73　X__ Y__ Z__ R__ Q__ F__

说明:

与 G81 的主要区别是:由于是深孔加工,采用间歇进给(分多次进给),以利于排屑。每次背吃刀量为 Q,退刀距离为 d。d 由 CNC 系统内部设定,末次进给量≤Q。如图 8.14 所示。

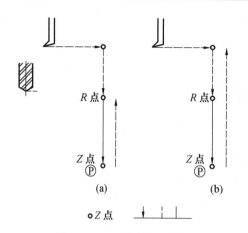

图 8.13　G82 钻削固定循环

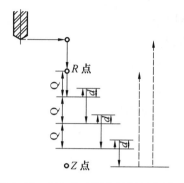

图 8.14　G73 高速深孔钻削固定循环

④G83——深孔钻削固定循环指令。

格式:G83　X__ Y__ Z__ R__ Q__ F__

说明:

与 G73 的主要区别是:该指令在每次进刀 Q 距离后返回 R 点平面,这样对深孔钻削时排屑有利。如图 8.15 所示。

⑤G84——攻螺纹固定循环指令。

格式:G84　X__ Y__ Z__ R__ F__

说明:

攻螺纹进给时主轴正转,退出时主轴反转。与钻孔加工不同的是攻螺纹结束后的返回过程不是快速运动而是以进给速度反转退出。攻螺纹过程要求主轴转速与进给速度成严格的比例关系,因此,编程时要求根据主轴转速计算进给速度。

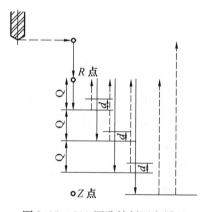

图 8.15　G83 深孔钻削固定循环

例 4　对图 8.12 中的 4 个孔进行攻螺纹,攻螺纹深度 8 mm,其数控加工程序为

O00004

G92　X0 Y0 Z0;

T02 M06;　　　　　　　　选用 T02 号刀具(ϕ 10 丝锥,导程 2 mm)

G90　G00　Z30.0 M08;

G00　X10.0 Y10.0;

S150 M03;

G99　G84　Z-8.0 R5.0 F300;

X50.0;

Y30.0;

X10.0;

G80;

G00　Z30.0;

M05；

G00　X0 Y0；

M30；

⑥G74——左旋攻螺纹固定循环指令。

格式：G74　X__ Y__ Z__ R__ F__

说明：

与 G84 的区别是：进给时为反转，退出时为正转。

⑦G85——镗削固定循环指令。

格式：G85　X__ Y__ Z__ R__ F__

说明：

主轴正转，刀具以进给速度向下运动镗孔，到达孔底位置后，立即以进给速度退出（没有孔底动作）。孔加工动作如图 8.16 所示。本指令属于一般孔镗削加工循环指令。

⑧G86——退刀型镗削固定循环指令。

格式：G86　X__ Y__ Z__ R__ P__ F__

说明：

与 G85 的区别是：G86 在到达孔底位置后，主轴停止转动，暂停一段时间后退出。本指令属于一般孔镗削加工循环指令。

⑨G89——镗削固定循环指令。

格式：G89　X__ Y__ Z__ R__ P__ F__

说明：

与 G85 的区别是：G89 在到达孔底位置后，进给暂停。本指令适用于精镗孔。

⑩G76——精镗固定循环指令。

格式：G76　X__ Y__ Z__ R__ P__ Q__ F__

说明：

与 G85 的区别是：G76 在孔底有三个动作：进给暂停、主轴定向停止、刀具沿刀尖所指的反方向偏移 Q 值，然后快速退出。这样可以保证高精度、高效率地完成孔加工而不划伤工作表面。孔加工动作如图 8.17 所示。

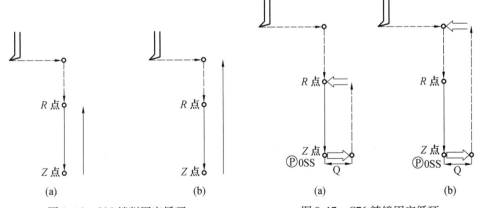

图 8.16　G85 镗削固定循环　　　　　图 8.17　G76 精镗固定循环

⑪G87——背镗孔固定循环指令。

格式:G87　X__ Y__ Z__ R__ Q__ F__

说明:

刀具运动到初始点后,主轴定向停止,刀具沿刀尖所指的反方向偏移 Q 值,然后快速运动到孔底位置,接着沿刀尖所指的方向偏移 Q 值,主轴正转,刀具向上进给运动,到 R 点,主轴又定向停止,刀具沿刀尖所指的反方向偏移 Q 值,快退,沿刀尖所指的正方向偏移 Q 值回到初始点,主轴正转,本加工循环结束,如图 8.18 所示。

⑫G88——镗孔固定循环指令。

格式:G88　X__ Y__ Z__ R__ P__ F__

说明:

刀具加工到孔底后,暂停,主轴停止,并转为进给保持状态,然后以手动方式将刀具移出孔外,再转回自动方式,使"MANUAL ABSOLUTE"开关在"ON"位置,启动自动循环,刀具将快速进给到 R 点或初始点。如图 8.19 所示。

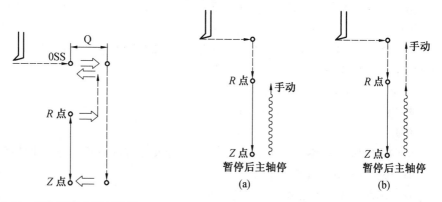

图 8.18　G87 背镗孔固定循环　　　　图 8.19　G88 镗孔固定循环

⑬G89——镗孔固定循环指令。

格式:G89　X__ Y__ Z__ R__ P__ F__

说明:

动作过程与 G85 类似,从 Z 点→R 点为切削进给,但在孔底时有暂停动作,适用于精镗孔。

5. 子程序

在一个加工程序中,如果有一定量的程序段是完全重复的,即一个零件中有几处形状相同,或刀具运动轨迹相同的,为了缩短程序,可以把重复的程序段单独抽出,按一定格式编成"子程序",并将其预先存储在 CNC 系统内,在主程序中如果需要执行此子程序的内容时,只需用一个调用指令即可。调用子程序的程序称为"主程序"。

子程序编程是计算机程序设计语言中的基本功能,现代 CNC 系统一般都提供调用子程序功能。但子程序调用不是数控系统的标准功能,不同的数控系统所用的指令和格式均不相同。

（1）子程序的编程格式。

子程序的格式与主程序相同,在子程序开头有子程序号,结尾有子程序结束指令。编程格式如下：

OXXXX（或 PXXXX 或 ％XXXX）

⋮

M99（或 RET）

（2）子程序的调用格式。

格式：M98 PXXX XXXX

说明：P 后面的前 3 位为重复调用次数,省略时为调用一次,后 4 位为子程序号。

格式：M98 PXXXX LXXXX

说明：P 后面的 4 位为子程序号;L 后面 4 位为重复调用次数,省略时为调用一次。

M99 为子程序结束指令。

格式如下：

OXXXX   子程序号

⋮   子程序内容

M99   子程序结束指令

说明：

子程序必须在主程序结束指令后建立,内容与一般程序编制方法相同。其作用如同一个固定循环,供主程序调用。

M99 表明子程序结束,并返回主程序,所以该指令必须在一个子程序的最后设置。但不一定要单独使用一个程序段,也可以放在最后一段程序的最后。

（3）子程序的执行过程。

在主程序中调用子程序的过程举例如下。

例 5 一次装夹加工多个相同零件或一个零件有重复加工部分的情况下可使用子程序。如图 8.20 所示,加工两个相同的工件,按数字顺序加工,Z 轴开始点为工件上方 100 mm 处,切深为 10 mm。

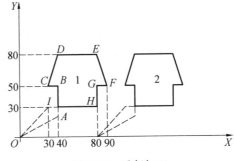

图 8.20 重复加工

主程序如下：

O00004

G90 G54 G00 X0 Y0 S1000 M03;

Z100.0;

M98 P1010;

N40 G90 G00 X80.0;

M98 P1010;

N60 G90 G00 X0 Y0 M05;

M30;

子程序如下：

O1010

G91　G00　Z-95.0；

G41　X40.0 Y20.0 D01；

Y30.0

X-10.0；

X10.0 Y30.0；

X40.0；

X10.0 Y-30.0；

X-10.0；

Y-20.0；

X-50.0；

Z110.0；

X-30.0 Y-30.0；

M99；

说明：主程序执行到 N30 时转去执行 O1010 子程序一次,返回时继续执行 N40 程序段。在执行 N50 时又转去执行 O1010 子程序一次,返回时又继续执行 N60 及其后面的程序。

6. 极坐标编程

对于中心对称分布的零件,采用极坐标编程十分方便。

(1)G15——极坐标系指令取消。

(2)G16——极坐标系指令。

格式：G15 或 G16

说明：

①极坐标平面选择用 G17、G18、G19 指定。

②指定 G17 时,+X 轴为极轴,程序中坐标字 X 指令极径,Y 指令极角。

指定 G18 时,+Z 轴为极轴,程序中坐标字 Z 指令极径,X 指令极角。

指定 G19 时,+Y 轴为极轴,程序中坐标字 Y 指令极径,Z 指令极角。

如图 8.21 所示,钻孔循环,使用极坐标编程如下：

G17　G90　G16；　　　　极坐标指令 XY 平面

G81　X67.0 Y30.0 Z-20.0 R5.0 F200；

　　　　　　　　　　极径为 67 mm,极角为 30°

X67.0 Y150.0；　　　　极径为 67 mm,极角为 150°

X67.0 Y270.0；　　　　极径为 67 mm,极角为 270°

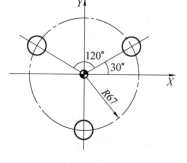

图 8.21　极坐标编程例

7. 镜像编程

镜像编程,也称轴对称编程,是将数控加工刀具轨迹沿某坐标轴作镜像变换而形成加工坐标轴对称零件的刀具轨迹。对称轴可以是 X 轴或 Y 轴或 X、Y 轴。下面以 FANUC 0i 系统为例介绍镜像编程方法。

（1）G25——取消镜像。

格式：G50　X__ Y__ Z__

（2）G24——镜像指令。

格式：G24　X__ Y__ Z__

例6　已知某零件上有16个M6的螺纹孔需要加工，各孔的位置分布如图8.22所示。

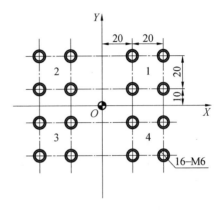

图8.22　镜像加工例

工艺分析：将程序原点设在16个孔分布的中心位置，每4个孔占据一个坐标象限，若以每象限的4个孔为一组，则每组孔之间的关系均满足轴对称关系，只要编程加工第1象限的4个孔，其他三个象限的孔可通过镜像编程进行加工。程序编制如下：

O0008

G54　G90　G00　X0 Y0;

Z100.0;

T01 M06;

S500 M03 M08;

G81　R1.0 Z-3.0 F20;　　　钻中心孔加工循环定义

M98　P1200;　　　钻第1象限4个中心孔

G24　Y0;　　　以Y轴为对称轴镜像加工

M98　P1200;　　　钻第2象限4个中心孔

G24　X0;　　　以X轴为对称轴镜像加工

M98　P1200;　　　钻第3象限4个中心孔

G24　Y0

M98　P1200;　　　钻第4象限4个中心孔

T02 M06 S1000;　　　换钻头

G81　R1.0 Z-15.0 F20;　　　钻孔

M98　P1200;

G24　Y0;

M98　P1200;

G24　X0;

M98　P1200;

G24　Y0;

M98　P1200;

T03 M06 S390;　　　换丝锥

G84　R1.0 Z-10.0 F390;

M98　P1200；

G24　Y0；

M98　P1200；

G24　X0；　　　　　　　　　　　　　　孔位置子程序

M98　P1200；

G24　Y0；

M98　P1200；

M30；

O1200；

X20.0 Y10.0；

X40.0 Y10.0；

X40.0 Y30.0；

X20.0 Y30.0；

M99；

8. 旋转与缩放编程

一般来说,旋转与缩放变换是 CAD 系统的标准功能,为了编程灵活,很多现代 CNC 系统也提供这一几何变换的数控加工编程能力。

(1)G50——取消缩放比例。

格式:G50

(2)G51——缩放比例指令。

格式:G51　X__ Y__ Z__ P__

说明:

X、Y、Z 为缩放比例中心的坐标值,P 为倍率。

例7　如图 8.23 所示,要求按窗口中的轮廓轨迹走刀。子程序如下:

O1500

S500 M03；

G00　X1.0 Y1.0；

G01　X3.0 F100；

Y3.0；

G03　X1.0 R1.0；

G01　Y1.0；

G00　X0 Y0；

M99；

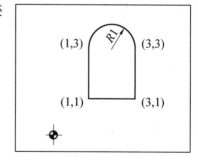

图 8.23　原始刀具轨迹

以原点为缩放中心,将图形放大 1.5 倍进行加工,如图 8.24(a)所示,其数控加工程序如下:

O0009

G54；

G00　G90　X0 Y0 Z0；

M98　P1500；

G51　P1.5；　　　　　表示以程序原点为缩放中心,将图形放大 1.5 倍

M98　P1500；　　　　　调用子程序,加工放大后的图形

G50　M30；　　　　　缩放功能取消,程序结束

以给定点(2,2)为缩放中心,将图形放大 1.5 倍进行加工,如图 8.24(b)所示,其数控加工程序如下：

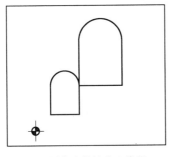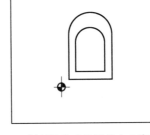

(a)以原点为缩放中心编程　　　　　　　(b)以给定点为缩放中心编程

图 8.24　图形缩放编程例

O0010

G54；

G00　G90　X0 Y0 Z0；

M98　P1500；

G51　X2.0 Y2.0 P1.5；　　　以给定点(2,2)为缩放中心,将图形放大 1.5 倍

M98　P1500；

G50　M30；

(3)G68——坐标系旋转指令。

格式：G68　X__ Y__ Z__ R__

说明：

X、Y、Z 为旋转中心的坐标值；R 为旋转角度。通常系统设定用绝对值指令,逆时针方向旋转为正,顺时针方向旋转为负。

(4)G69——旋转坐标系取消。

例 8　原始几何图形如图 8.23 所示,以程序原点为旋转中心,将图形旋转 60°进行加工,如图 8.25(a)所示,其数控加工程序如下：

O0012

G54；

G00　G90　X0 Y0 Z0；

M98　P1500；

G90　G00　X0 Y0 Z0；

G68　R60;　　　　　　　　　以原点为中心,将图形旋转 60°

M98　P1500;　　　　　　　　调用子程序,加工旋转后的图形

G69　G90　G00　X0 Y0 Z0;关闭旋转,回程序原点

M30;

以给定点(2,2)为旋转中心,将图形旋转 60°进行加工,如图 8.25(b)所示,其数控加工程序如下:

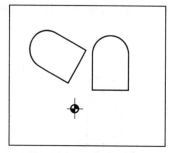
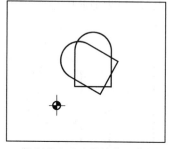

(a) 以原点为旋转中心编程　　　　　　(b) 以给定点为旋转中心编程

图 8.25　图形旋转编程例

O0013;

G54;

G00　G90　X0 Y0 Z0;

M98　P1500;

G00　G90　X0 Y0 Z0;

G68　X2.0 Y2.0 R60.0;

M98　P1500;

G69　G90　G00　X0 Y0;

M30;

工作计划单

学习领域	数控加工——数控铣削加工	
学习任务	带孔系箱体类零件的数控加工	
计划方式	学生计划,教师指导	
序号	实施步骤	使用资源
计划说明		
其他小组方案情况		
决策		

班级		姓名		组长		教师		月　日

工 序 卡

数控加工工序卡

工步号	工 步 内 容	设 备	夹具及附具	刀具及附具	量 具	a_p	f	n	T_j	T_d	负 荷

产品型号及名称			
学习领域	数控加工		
项目名称			
工序号			
零件名称			
班级		姓名	
材料	名称		
	硬度		
零件毛重		零件净重	
冷却液切削液			
共 页		第 页	

拟制	校对	审核

更改		
日期		
签名		

程 序 单

学习领域	数控加工——数控铣削加工
学习任务	带孔系箱体类零件的数控加工
程序名	
程序内容	
加工结果	
评价	

班级		姓名		组长		教师		月　日

知识要点三　数控铣床和加工中心的结构与工作原理

教学目标

(1)熟悉数控铣床的机械结构；

(2)熟悉加工中心的换刀系统结构；

(3)加工中心的分度工作台和回转工作台结构；

(4)熟悉数控铣床及加工中心的工作原理；

(5)掌握数控铣床及加工中心的结构组成；

(6)掌握数控铣床及加工中心的机械结构特点；

(7)掌握加工中心自动换刀系统的刀库结构及选刀方式。

I　数控铣床的机械结构

一、XK5040A 数控铣床

1. 数控铣床布局

XK5040A 数控铣床总体布局如图 1 所示。

2. 主参数

工作台工作面积		1 600 mm×400 mm
工作台最大纵向行程		900 mm
工作台最大横向行程		375 mm
工作台最大垂直行程		400 mm
主轴孔直径		27 mm
主轴套筒移动距离		70 mm
主轴端面到工作台面距离		50 ~ 450 mm
主轴中心线到床身垂直导轨距离		430 mm
工作台侧面到床身垂直导轨距离		30 ~ 405 mm
主轴转速范围		30 ~ 1 500 r/min
主轴转速级数		18
工作台进给量	纵向	10 ~ 1 500 mm/min
	横向	10 ~ 1 500 mm/min
	垂直	10 ~ 6 00 mm/min
主电动机功率		7.5 kW
机床外形尺寸		2 495 mm×2 100 mm×2 170 mm

机床配置为 FANUC-3MA 数控系统,半闭环控制,检测器为脉冲编码器,各轴最小设定单位为 0.001 mm。

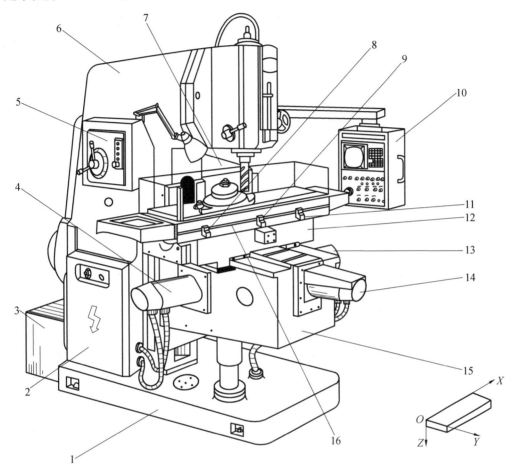

图 1　XK5040A 数控铣床总体布局

1—机床底座;2—机床强电柜;3—变压器箱;4—垂直升降进给伺服电动机;5—主轴变速手柄和按钮板;6—床身;7—数控柜;8、11—纵向行程限位开关;9—挡铁;10—操作面板;12—横向工作台;13—纵向进给伺服电机;14—横向进给伺服电机;15—垂直升降台;16—纵向工作台

二、滚珠丝杠螺母副

滚珠丝杠螺母副是回转运动与直线运动相互转换的传动装置,它利用螺旋面的升角使旋转运动变为直线运动,是数控机床的丝杠螺母副中最常见的一种形式。它的结构特点是在具有螺旋槽的丝杠、螺母间装有滚珠作为中间传动元件,以减少摩擦。工作原理如图 2 所示。在丝杠和螺母 1 上都加工有半圆弧形的螺旋槽,把它们套装在一起就形成了有滚珠的螺旋滚道。螺母上有滚珠回路管道 b,将螺旋滚道的两端连接在一起构成封闭的循环滚道,在滚道内装满滚珠。当丝杠旋转时,滚珠在滚道内既自转又沿滚道循环转动,从而迫使螺母(或丝杠)轴向移动。

滚珠丝杠螺母副是滚动摩擦,它的特点是:摩擦因数小,传动效率高,所需传动转矩小;磨损小,寿命长,精度保持性好;灵敏度高,传动平稳,不易产生爬行;丝杠和螺母之间可通过预紧和间隙消除措施提高轴向刚度和反向精度;运动具有可逆性,既可将旋转运动变成直线运动,又可将直线运动变成旋转运动;制造工艺复杂,成本高;在垂直安装时不能自锁,需附加制动机构,常用的制动方法有超越离合器、电磁摩擦离合器或者使用具有制动装置的伺服驱动电机。

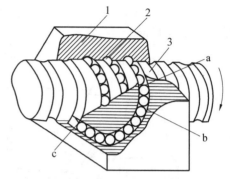

图 2　滚珠丝杠副的原理图
1—螺母;2—滚珠;3—丝边

1. 滚珠丝杠螺母副的结构

滚珠丝杠螺母副的结构与滚珠的循环方式有关,滚珠的循环方式分为外循环和内循环两种。滚珠在返回过程中与丝杠脱离接触的为外循环;滚珠在循环过程中与丝杠始终接触的为内循环。循环中的滚珠称为工作滚珠,工作滚珠所走过的滚道圈数称为工作圈数。

外循环滚珠丝杠副根据滚珠循环时的返回方式不同,常见的有插管式和螺旋槽式。图3(a)为插管式,它用弯管作为返回管道,这种形式结构工艺性好,但管道突出螺母体外,径向尺寸较大。图3(b)为螺旋槽式,它是在螺母外圆上铣出螺旋槽,槽的两端钻出通孔并与螺纹滚道相切,形成返回通道。这种形式的结构比插管式的结构径向尺寸小,但制造较为复杂。

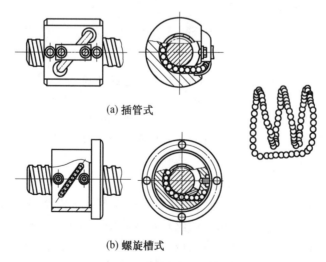

(a) 插管式

(b) 螺旋槽式

图 3　外循环滚珠丝杠

内循环结构如图4所示。在螺母的侧孔中装有圆柱凸键反向器,反向器上铣有S形回珠槽,将相邻螺纹滚道联结起来,滚珠从螺纹滚道进入反向器,借助反向器迫使滚珠越过丝杠牙顶进入相邻滚道,实现循环。一般一个螺母上装有2~4个反向器,反向器沿螺母圆周均布。这种结构径向尺寸紧凑,刚性好,且不易磨损,因返程滚道短,不易发生滚珠堵塞,摩擦损失小。但反向器结构复杂,制造困难,且不能用于多头螺纹传动。

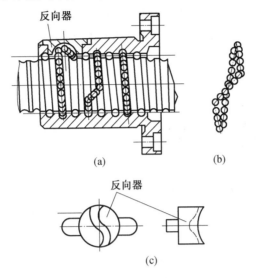

(a)　　　　(b)

(c)

图4　内循环滚珠丝杠

2. 滚珠丝杠副轴向间隙的调整

滚珠丝杠的传动间隙是轴向间隙。轴向间隙通常是指丝杠和螺母无相对转动时,丝杠和螺母之间的最大轴向窜动量。除了结构本身所有的游隙之外,还包括施加轴向载荷后产生弹性变形所造成的轴向窜动量。为了保证反向传动精度和轴向刚度,必须消除轴向间隙。用预紧方法消除间隙时应注意,预加载荷能够有效地减少弹性变形所带来的轴向位移,但预紧力不易过大,过大的预紧载荷将增加摩擦力,使传动效率降低,缩短丝杠的使用寿命。所以,一般需要经过多次调整才能保证机床在适当的轴向载荷下既消除了间隙又能灵活转动。消除间隙采用双螺母结构是最常见的,该方法是利用两个螺母的相对轴向位移,使两个滚珠螺母中的滚珠分别贴紧在螺旋滚道两个相反的侧面上。

常用的双螺母丝杠消除间隙的方法有:

(1)垫片调隙式。

图5所示在两螺母之间放入一垫片,调整垫片厚度使左、右两螺母产生方向相反的位移,使两个螺母中的滚珠分别贴紧在螺旋滚道两个相反的侧面上,即可消除间隙和产生预紧力。这种方法结构简单,刚性好,但调整不便,滚道有磨损时不能随

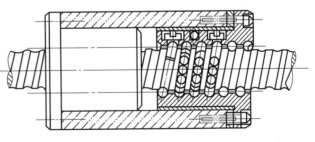

图5　垫片调隙式

时消除间隙和进行预紧,调整精度不高,仅适用于一般精度的数控机床。

（2）螺纹调隙式。

如图6所示,左螺母外端有凸缘,右螺母右端加工有螺纹,用两个圆螺母1、2把垫片压在螺母座上,左、右螺母通过平键和螺母座连接,使螺母在螺母座内可以轴向滑移而不能相对转动。调整时,拧紧圆螺母1使右螺母向右滑动,就改变了两螺母的间距,即可消除间隙并产生预紧力,然后用螺母2锁紧。这种调整方法结构简单紧凑,工作可靠,调整方便,应用较广,但调整预紧量不能控制。

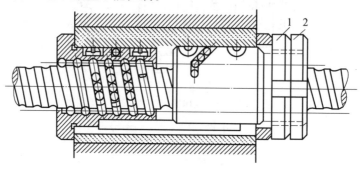

图6　螺纹调隙式
1,2—圆螺母

（3）齿差调隙式。

如图7所示,在两个螺母的凸缘上加工有圆柱外齿轮2,分别与紧固在套筒两端的内齿圈1相啮合,左、右螺母不能转动。两螺母凸缘齿轮的齿数 z_1 和 z_2,且相差一个齿。调整时,先取下内齿圈,让两个螺母相对于螺母座同方向都转动一个齿或多个齿,然后再插入内齿圈并紧固在螺母座上,则两个螺母便产生角位移,使两个螺母轴向间距改变,实现消除间隙和预紧。设滚珠丝杠的导程为 t,两个螺母相对于螺母座同方向转动一个齿后,其轴向位移量

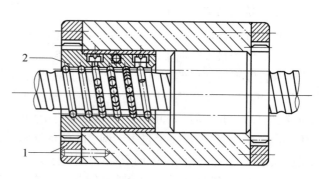

图7　齿差调隙式
1—内齿圈;2—圆柱外齿轮

$$s = \left(\frac{1}{z_1} - \frac{1}{z_2} \right) t$$

例如, $z_1 = 99$, $z_2 = 100$, 滚珠丝杠的导程 $t = 10$ mm 时,则 $s = 10/9\,900 \approx 0.001$ mm,若间隙量为 0.002 mm,则相应的两螺母沿同方向转过两个齿即可消除间隙。齿差调隙式的结构较为复杂,尺寸较大,但是调整方便,可获得精确的调整量,预紧可靠不会松动,适用于高精度传动。

3. 滚珠丝杠的支承方式

数控机床的进给系统要获得较高的传动刚度,除了加强滚珠丝杠副本身的刚度外,滚珠丝杠的正确安装及支承结构的刚度也是非常重要的因素。如为了减少受力后的变形,

螺母座应有加强肋,增大螺母座与机床的接触面积,并要联结可靠。由于滚珠丝杠所承受的主要是轴向载荷,它的径向载荷主要是卧式丝杠的自重,常采用高刚度的推力轴承以提高滚珠丝杠的轴向承载能力。

常用的滚珠丝杠的支承方式如图8所示。

①一端装推力轴承,如图8(a)所示。这种安装方式的承载能力小,轴向刚度低,只适用于行程小的短丝杠。如数控机床的调整环节或数控铣床升降台的进给传动结构。

②两端装推力轴承,如图8(b)所示。将推力轴承安装在滚珠丝杠的两端,并施加预紧力,有助于提高丝杠的轴向刚度,但此种安装方式对热变形较为敏感。

③一端装推力轴承,另一端装向心球轴承,如图8(c)所示。这种安装方式用于丝杠较长的情况,当热变形造成丝杠伸长时,其一端固定,另一端能做微量的轴向浮动。为减少丝杠热变形的影响,推力轴承的安装位置应远离电机热源和丝杠工作时的常用段。

④两端装推力轴承及向心球轴承,如图8(d)所示。为了提高刚度,丝杠两端均采用双重支承并施加预紧。这种方式可使丝杠的热变形转化为推力轴承的预紧,但设计时要注意提高推力轴承的承载力和支架刚度。

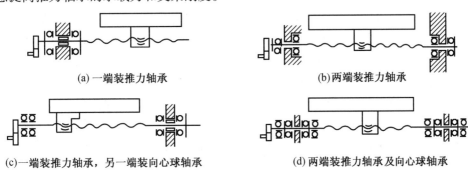

(a) 一端装推力轴承　　　　　　　　　(b)两端装推力轴承

(c)一端装推力轴承,另一端装向心球轴承　　　(d)两端装推力轴承及向心球轴承

图8　滚珠丝杠在机床上的支承方式

另外有一种滚珠丝杠专用轴承,如图9所示。这是一种特殊的向心推力滚珠轴承,它的轴向承载能力很大,其接触角加大到60°,增加了滚珠数目并相应减小了滚珠直径,致使它的轴向刚度比一般推力轴承提高两倍以上,启动力矩也小,使用也很方便,装配时只要用螺母和端盖将内外环压紧,就能获得出厂时已经调好的预紧力。

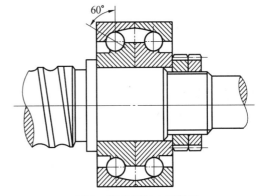

图9　滚珠丝杠专用轴承

4. 滚珠丝杠的防护

滚珠丝杠副用润滑剂来提高耐磨性及传动效率,润滑剂可分为润滑油和润滑脂。润滑油一般为机械油或140号主轴油,经过壳体上的油孔注入螺母的空间内;润滑脂常采用

锂基润滑脂,一般加在螺纹滚道和安装螺母的壳体空间内,滚珠丝杠副如果在滚道内落入了灰尘、切屑,或者使用了不干净的润滑油,不仅会妨碍滚珠的正常运转,还会使磨损急剧增加,因此必须有防护装置。通常采用密封圈对螺母进行防护。

密封圈装在滚珠螺母的两端,分为接触式的和非接触式两种。接触式的弹性密封圈用耐油橡胶或尼龙制成,其内孔做成与丝杠螺纹滚道相配合的形状,与丝杠紧密接触,它的防尘效果好,但也增加了滚珠丝杠的摩擦阻力矩。非接触式的密封圈又称迷宫式密封圈,用硬质塑料制成,其内孔与丝杠螺纹滚道的形状相反,并稍有间隙,避免了摩擦阻力矩,但防尘效果差。对于在机床上外露的滚珠丝杠副,应采取封闭的防护罩,一般采用螺旋弹簧钢带套管、锥形套管以及折叠式套管等。安装时将防护罩的一端连接在滚珠螺母的端面,另一端固定在滚珠丝杠的支承座上。

Ⅱ　加工中心的换刀系统结构

为了提高数控机床的加工效率,除了要提高切削速度,减少非切削时间也非常重要。现代数控机床正向着工件在一台机床上一次装夹可完成多道工序或全部工序加工的方向发展,这种多工序加工的数控机床在加工过程中需使用多种刀具,因此必须有自动换刀装置,以便选用不同的刀具来完成不同工序的加工。自动换刀装置应具备换刀时间短、刀具重复定位精度高、有足够的刀具储备量、占地面积小、安全可靠等特性。

刀库式自动换刀装置主要应用于加工中心上。加工中心是一种备有刀库并能自动更换刀具对工件进行多工序加工的数控机床。工件经一次装夹后,数控系统能控制机床连续完成多工步的加工,工序高度集中。自动换刀装置是加工中心的重要组成部分,主要包括刀库、刀具交换装置等部分。

一、刀库

刀库是存放加工过程中所使用的全部刀具的装置,它的容量从几把刀到上百把刀。加工中心刀库的形式很多,结构也各不相同,常用的有鼓盘式刀库、链式刀库和格子库式刀库。

1. 鼓盘式刀库

鼓盘式刀库结构简单、紧凑,在钻削中心上应用较多。一般存放刀具数目不超过32把。目前,大部分的刀库安装在机床立柱的顶面和侧面,当刀库容量较大时,为了防止刀库转动造成的振动对加工精度的影响,也有的安装在单独的地基上。

图 10 所示刀具轴线与鼓盘轴线平行布置的刀库,其中图 10(a)为径向取刀式,图10(b)为轴向取刀式。图 11(a)所示为刀具径向安装在刀库上的结构,图 11(b)所示为刀具轴线与鼓盘轴线成一定角度布置的结构。这两种结构占地面积较大。

2. 链式刀库

链式刀库是在环形链条上装有许多刀座,刀座的孔中装夹各种刀具,链条由链轮驱动。链式刀库有单环链式和多环链式等几种,如图 12(a)(b)所示。当链条较长时,可以

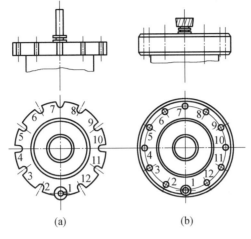

图 10　鼓盘式刀库(一)

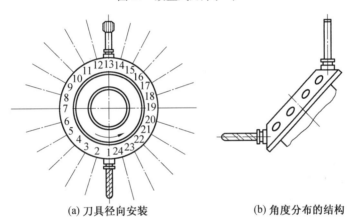

(a) 刀具径向安装　　　　　　　(b) 角度分布的结构

图 11　鼓盘式刀库(二)

增加支承链轮的数目,使链条折叠回绕,提高空间利用率,如图 12(c)所示。

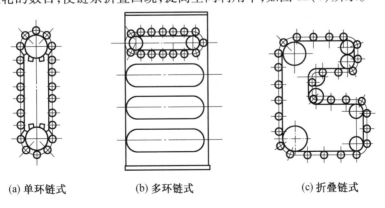

(a) 单环链式　　　　(b) 多环链式　　　　(c) 折叠链式

图 12　各种链式刀库

3. 格子盒式刀库

图 13 所示为固定型格子盒式刀库。刀具分几排直线排列,由纵、横向移动的取刀机

械手完成选刀运动,将选取的刀具送到固定的换刀位置刀座上,由换刀机械手交换刀具。这种形式刀具排列密集、空间利用率高、刀库容量大。除此之外,还有直线式刀库、多盘式刀库等。

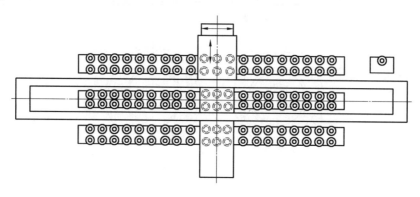

图 13　格子盒式刀库

二、刀具的选择

按数控装置的刀具选择指令,从刀库中挑选各工序所需要刀具的操作称为自动选刀。常用的选刀方式有顺序选刀和任意选刀。

1. 顺序选刀

刀具的顺序选择方式是将刀具按加工工序的顺序,一次性放入刀库的每个刀座内,刀具顺序一定不能搞错。当加工工件改变时,刀具在刀库上的排列顺序也要相应改变。这种选刀方式的缺点是同一工件上的相同刀具不能重复使用,因此刀具的数量有所增加,降低了刀具和刀库的利用率,优点是它的控制以及刀库的运动等比较简单。

2. 任意选刀

任意选刀方式是预先把刀库中每把刀具(或刀座)都编上代码,按照编码选刀,刀具在刀库中不必按照工件的加工顺序排列。任意选刀有四种方式:刀具编码式、刀座编码式、附件编码式、计算机记忆式。

(1)刀具编码式。

这种选择方式采用了一种特殊的刀柄结构,并对每把刀具进行编码。换刀时通过编码识别装置,根据换刀指令代码在刀库中寻找所需要的刀具。由于每把刀都有自己的代码,因而刀具可以放入刀库的任何一个刀座内,这样不仅刀库中的刀具可以在不同的工序中多次重复使用,而且换下来的刀具也不必放回原来的刀座,这对装刀和选刀都十分有利,刀库的容量相应减少,而且可避免由于刀具顺序的差错所发生的事故。但每把刀具上都带有专用的编码系统,致使刀具长度加长、制造困难、刚度降低、刀库和机械手的结构变复杂。

刀具编码识别有两种方式:接触式识别和非接触式识别。

接触式识别的编码刀柄的结构如图 14 所示。在刀柄尾部的拉紧螺杆 3 上套装着一组等间隔的编码环 1,并由锁紧螺母 2 将它们固定。编码环的外径有大小两种不同的规格,每个编码环的大小分别表示二进制数的"1"和"0"。通过对两种圆环的不同排列,可以得到一系列的代码。例如图中的 7 个编码环,就能够区别出 127 种刀具(2^7-1)。通常全部为零的代码不允许使用,以免和刀座中没有刀具的状况相混淆。当刀库中带有编码环的刀具依次通过编码识别装置

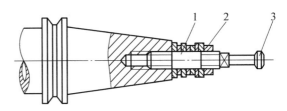

图 14　编码刀柄的结构
1—编码环;2—锁紧螺母;3—拉紧螺杆

时,编码环的大小就能使相应的触针读出每把刀具的代码。从而选择合适的刀具。接触式编码识别装置结构简单,但可靠性较差、寿命较短,而且不能快速选刀。

非接触式刀具识别采用磁性或光电识别法。磁性识别法是利用磁性材料和非磁性材料磁感应的强弱不同,通过感应线圈读取代码。编码环分别由软钢和塑料制成,软钢代表"1",塑料代表"0",将它们按规定的编码排列。当编码环通过感应线圈时,只有对应软钢圆环的那些感应线圈才能感应出电信号"1",而对应于塑料的感应线圈状态保持不变"0",从而读出每把刀具的代码。磁性识别装置没有机械接触和磨损,因此可以快速选刀,而且结构简单、工作可靠、寿命长。

(2)刀座编码式。

刀座编码是对刀库中所有的刀座预先编码,一把刀具只对应一个刀座,从一个刀座中取出的刀具必须放回同一刀座中,否则会造成事故。这种编码方式取消了刀柄中的编码环,使刀柄结构简化、长度变短,刀具在加工过程中可重复使用,但必须把用过的刀具放回原来的刀座,该方式送、取刀具麻烦,换刀时间长。

(3)计算机记忆式

目前加工中心大量使用的是计算机记忆式选刀。这种方式能将刀具号和刀库中的刀座位置(地址)对应地存放在计算机的存储器或可编程控制器的存储器中。不论刀具存放在哪个刀座上,新的对应关系也就重新存放,这样刀具可在任意位置(地址)存取,刀具不需设置编码环,结构大为简化,控制也十分简单。在刀库机构中通常设有刀库零位,执行自动选刀时,刀库可以正反方向旋转,每次选刀时刀库转动不会超过一圈的 1/2。

三、刀具交换装置

在数控机床的自动换刀装置中,实现刀库与机床主轴之间刀具传递和刀具装卸的装置称为刀具交换装置。自动换刀的刀具可靠固紧在专用刀夹内,每次换刀时将刀夹直接装入主轴。刀具的交换方式通常分为有机械手换刀和无机械手换刀两大类。

1.机械手换刀

采用机械手进行刀具交换的方式应用最为广泛,因为机械手换刀装置有很大的灵活性,换刀时间也较短。机械手的结构形式多种多样,换刀运动也有所不同。下面介绍两种最常见的换刀形式。

(1)180°回转刀具交换装置。

最简单的刀具交换装置是180°回转刀具交换装置,如图 15 所示。接到换刀指令后,

机床控制系统便将主轴控制到指定换刀位置;同时刀具库运动到适当位置完成选刀,机械手回转并同时与主轴、刀具库的刀具相配合;拉杆从主轴刀具上卸掉,机械手向前运动,将刀具从各自的位置上取下;机械手回转180°,交换两把刀具的位置,与此同时刀库重新调整位置,以接受从主轴上取下的刀具;机械手向后运动,将交换的刀具和卸下的刀具分别插入主轴和刀库;机械手转回原位置待命。至此换刀完成,程序继续。这种刀具交换装置的主要优点是结构简单,涉及的运动少、换刀快;主要缺点

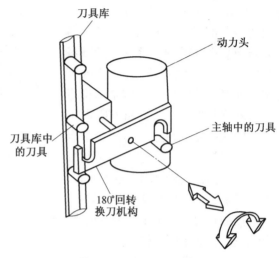

图15　180°回转刀具交换装置

是刀具必须存放在与主轴平行的平面内,与侧置、后置的刀库相比,切屑及切削液易进入刀夹,刀夹锥面上有切屑会造成换刀误差,甚至损坏刀夹和主轴,因此必须对刀具另加防护。这种刀具交换装置既可用于卧式机床也可用于立式机床。

　　(2)回转插入式刀具交换装置。

　　回转插入式刀具交换装置是最常用的形式之一,是回转式的改进形式。这种装置刀库位于机床立柱一侧,避免了切屑造成主轴或刀夹损坏的可能。但刀库中存放刀具的轴线与主轴的轴线垂直,因此机械手需要三个自由度。机械手沿主轴轴线的插拔刀具动作,由液压缸实现;绕竖直轴90°的摆动进行刀库与主轴间刀具的传送由液压马达实现;绕水平轴旋转180°完成刀库与主轴上刀具交换的动作由液压马达实现。其换刀分解动作如图16所示。

　　图16(a):抓刀爪伸出,抓住刀库上的待换刀具,刀库刀座上的锁板拉开。

　　图16(b):机械手带着待换刀具绕竖直轴逆时针方向转90°,与主轴轴线平行,另一个抓刀爪抓住主轴上的刀具,主轴将刀具松开。

　　图16(c):机械手前移,将刀具从主轴锥孔内拔出。

　　图16(d):机械手绕自身水平轴转180°,将两把刀具交换位置。

　　图16(e):机械手后退,将新刀具装入主轴,主轴将刀具锁住。

　　图16(f):抓刀爪缩回,松开主轴上的刀具。机械手绕竖直轴顺时针转90°,将刀具放回到刀库相应的刀座上,刀库上的锁板合上。

　　最后,抓刀爪缩回,松开刀库上的刀具,恢复到原始位置。

　　为了防止刀具掉落,各种机械手的刀爪都必须带有自锁机构。图17所示为机械手抓刀部分的结构。它由两个固定刀爪5,每个刀爪上还有一个活动销4,它依靠后面的弹簧1,在抓刀后顶住刀具。为了保证机械手在运动时刀具不被甩出,有一个锁紧销2,当活动销4顶住刀具时,锁紧销2就被弹簧3顶起,将活动销4锁住不能后退。当机械手处于上升位置要完成拔插刀动作时,销6被挡块压下使锁紧销2也退下,因此可自由地抓放刀具。

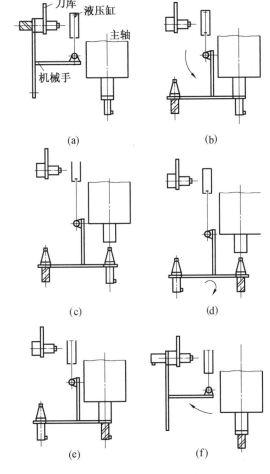

图 16　换刀分解动作示意图

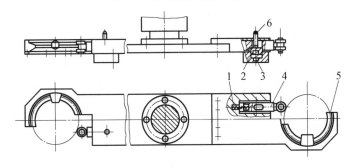

图 17　机械手抓刀部分的结构
1、3—弹簧;2—锁紧销;4—活动销;5—刀爪;6—销

2. 无机械手换刀

无机械手换刀的方式是利用刀库与机床主轴的相对运动实现刀具交换,也称主轴直接式换刀。XH754 型卧式加工中心就是采用这类刀具交换装置的实例。机床外形和无机械手换刀过程如图 18 所示。

图18(a)：当加工工步结束后执行换刀指令，主轴2实现准停，主轴箱1沿Y轴上升。这时机床上方的刀库3空档刀为正好处在换刀位置，装夹刀具的卡爪打开。

图18(b)：主轴箱上升到极限位置，被更换刀具的刀杆进入刀库空档刀位，被刀具定位卡爪钳住，与此同时主轴内刀杆自动夹紧装置放松刀具。

图18(c)：刀库伸出，从主轴锥孔内将刀具拔出。

图18(d)：刀库转位，按照程序指令要求将选好的刀具转到主轴最下面的换刀位置，同时压缩空气将主轴锥孔吹净。

图18(e)：刀库退回，同时将新刀具插入主轴锥孔，主轴内刀具夹紧装置将刀杆拉紧。

图18(f)：主轴下降到加工位置后启动，开始下一步的加工。

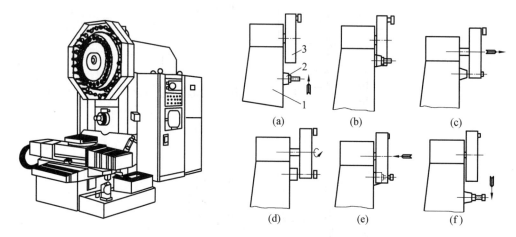

图18　机床外形和无机械手换刀过程
1—主轴箱；2—主轴；3—刀库

这种换刀机构不需要机械手，结构简单、紧凑。由于换刀时机床不工作，不会影响到加工精度，但机床加工效率下降。另外刀库结构尺寸受限，装刀数量不能太多，而且每把刀具在刀库上的位置是固定的，从哪个刀座上取下的刀具，用完后仍然放回哪个刀座上。这种换刀方式常用于小型加工中心。

Ⅲ　加工中心的分度工作台和回转工作台结构

工作台是数控机床的重要部件，为了提高数控机床的生产效率，扩大其工艺范围，对于数控机床的进给运动除了沿坐标轴X、Y、Z三个方向的直线进给运动之外，还常常需要有分度运动和圆周进给运动。数控机床中的工作台主要有矩形式、回转式以及倾斜成各种角度的万能工作台3种。本节主要介绍数控机床常用的定位、回转工作台的结构及工作原理。

一、分度工作台

分度工作台的功用是完成分度辅助运动，将工件转位换面，和自动换刀装置配合使用，实现工件一次装夹能完成几个面的多道工序加工。分度工作台的分度、转位和定位是按照控制系统的指令自动进行的,每次转位可回转一定的角度(45°、60°、90°等)。分度工作台按其定位机构的不同分为端面齿盘式和定位销式两类。

1. 端面齿盘式分度工作台

端面齿盘式分度工作台是目前用得较多的一种精密分度定位机构,它主要由工作台底座、夹紧液压缸、分度液压缸和端面齿盘等零件组成,其结构如图 19 所示。端面齿盘式分度工作台的分度转位动作过程可分为 3 个步骤。

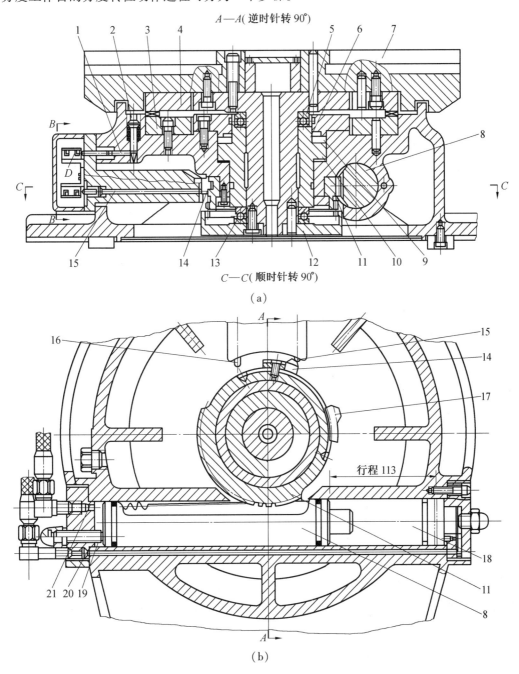

(a)

(b)

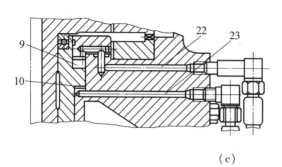
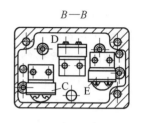

(c)

图 19　端面齿盘式分度工作台

1、2、15、16—推杆；3—下端面齿盘；4—上端面齿盘；5、13—推力球轴承；6—活塞；7—工作台；8—齿条活塞；9—升降液压缸上腔；10—升降液压缸下腔；11—齿轮；12—内齿圈；14、17—挡块；18—分度液压缸右腔；19—分度液压缸左腔；20、21—分度液压缸进油管道；22、23—分度液压缸回油管道

（1）工作台的抬起。

当机床需要分度时，数控装置就发出分度指令（也可用手压按钮进行手动分度），由电磁铁控制液压阀（图 19 中未示出），使压力油经管道 23 至分度工作台 7 中央的夹紧升降液压缸下腔 10，推动活塞 6 上移，经推力球轴承 5 使工作台 7 抬起，上端面齿盘 4 和下端面齿盘 3 脱离啮合。与此同时，在工作台 7 向上移动的过程中带动内齿圈 12 上移并与齿轮 11 啮合，完成了分度前的准备工作。

（2）回转分度。

当工作台 7 向上抬起时，推杆 2 在弹簧的作用下向上移动，使推杆 1 在弹簧的作用下右移，松开微动开关 D 的触头，控制电磁阀（图 19 中未示出）使压力油经管道 21 进入分度液压缸左腔 19 内，推动齿条活塞 8 右移，与它相啮合的齿轮 11 做逆时针转动。根据设计要求，当齿条活塞 8 移动 113 mm 时，齿轮 11 回转 90°，此时内齿圈 12 与齿轮 11 已经啮合，所以分度工作台也回转 90°。回转角度的近似值将由微动开关和挡块 17 控制，开始回转时，挡块 14 离开推杆 15 使微动开关 C 复位，通过电路互锁，始终保持工作台处于上升位置。

（3）工作台下降定位夹紧。

当工作台转到预定位置附近，挡块 17 压动推杆 16，使微动开关 E 被压下，控制电磁阀使升降液压缸上腔 9 通入压力油，活塞 6 下移，工作台 7 下降。上端面齿盘 4 和下端面齿盘 3 又重新啮合，定位并夹紧。管道 23 中有节流阀用来限制工作台 7 的下降速度，避免产生冲击。当分度工作台下降时，推杆 2 被压下，推杆 1 左移，微动开关 D 的触头被压下，通过电磁铁控制液压阀，使压力油从管道 20 进入分度液压缸的右腔 18，推动齿条活塞 8 左移，使齿轮 11 顺时针回转并带动挡块 17 及 14 回到原处，为下一次分度做好准备。

端面齿盘式分度工作台的优点是分度和定位精度高，分度精度可达±(0.5~3)″，由于采用多齿重复定位，因此重复定位精度稳定，定位刚度高，只要是分度数能除尽端面齿盘齿数，都能分度，适用于多工位分度。缺点是端面齿盘制造较为困难，且不能进行任意角度的分度。

2.定位销式分度工作台

定位销式分度工作台的定位元件由定位销和定位套孔组成,图20所示为自动换刀卧式数控铣镗床的定位销式分度工作台结构。分度工作台1的两侧有长方形工作台,在不单独使用分度工作台时,它们可以作为整体工作台使用。

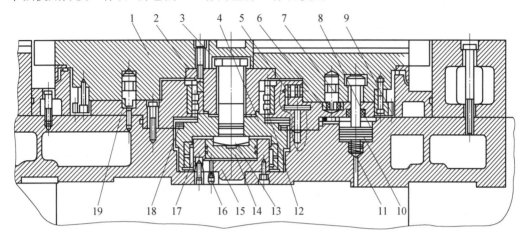

图20 定位销式分度工作台

1—工作台;2—转台轴;3—六角螺钉;4—止推轴套;5、10、14—活塞;6—定位套孔;7—定位销;
8、15—液压缸;9—齿轮;11—弹簧;12、17、18—轴承;13—止推螺钉;16—管道;19—转台座

在分度工作台1的下方有八个均布的圆柱定位销7,在转台座19上有一个定位套孔6和一个供定位销移动的环形槽。其中只有一个定位销7进入定位套中,其他七个定位销都在环形槽中。定位销之间间隔45°,工作台只能做二、四、八等分的分度运动。

当需要分度时,首先由机床的数控系统发出指令,使六个均布在固定工作台圆周上的夹紧液压缸8(图中只画了一个)上腔中的压力油流回油箱,活塞10被弹簧11顶起,分度工作台处于放松状态。同时消隙液压缸活塞5也在卸荷,液压缸中的压力油经导管流回油箱。中央液压缸15由管道16进油,使活塞14上升,通过止推螺钉13、止推轴套4把止推轴承18向上抬起15 mm,顶在转台座19上。分度工作台1用四个螺钉与转台轴2相连,而转台轴2用六角螺钉3固定在轴套4上,所以当轴套4上移时,通过转台轴使工作台1抬高15 mm,固定在工作台面上的定位销7从定位衬套中拔出,完成了分度前的准备工作。当工作台抬起之后发出信号使液压马达驱动减速齿轮(图20中未示出),带动固定在工作台1下面的大齿轮9转动,进行分度运动。分度工作台的回转速度由液压马达和液压系统中的单向节流阀来调节,分度时做快速运动,由于在大齿轮9上沿圆周均布八个挡块,当挡块碰到第一个限位开关时减速,碰到第二个限位开关时准停。此时,新的定位销7正好对准定位套的定位孔,准备定位。

分度完毕后,数控系统发出信号使中央液压缸15卸荷,油液经管道16流回由箱,分度台1靠自重下降,定位销7插入定位套孔6中。定位完毕后,消隙液压缸通入压力油,活塞5顶向工作台1,以消除径向间隙。夹紧液压缸8上腔进油,活塞10下降,通过活塞杆上端的台阶部分将工作台夹紧。至此分度工作进行完毕。

分度工作台的回转部分支承在加长型双列圆柱滚子轴承 12 和滚针轴承 17 中,轴承 12 的内孔带有锥度,可用来调整径向间隙。轴承内环固定在转台轴 2 和轴套 4 之间,并可带着滚柱在加长外环内做 15 mm 的轴向移动。轴承 17 装在轴套 4 内,能随轴套做上升或下降移动,并作另一端的回转支承。轴套 4 内还装有推力球轴承,使工作台回转很平稳。

定位销式分度工作台的定位精度取决于定位销和定位孔的精度,最高可达±5″。有时为了调头镗孔,对最常用的相差 180°同轴线孔的定位精度要求高些,而对其他角度定位精度要求可稍低些。定位销和定位套的制造和装配精度要求都很高,硬度的要求也很高,且耐磨性很好。

二、数控回转工作台

数控回转工作台主要用于数控镗床和数控铣床,它的功用是使工作台进行圆周进给,以完成切削工作,也可使工作台进行分度。其外形和分度工作台很相似,但由于要实现圆周进给运动,所以其内部结构具有数控进给驱动机构的许多特点,区别在于数控机床的进给驱动机构实现的是直线运动,而数控回转工作台实现的是旋转运动。数控回转工作台分为开环和闭环两种。

1. 开环数控回转工作台

开环数控回转工作台和开环直线进给机构一样,都可以用功率步进电动机驱动。

图 21 所示为自动换刀数控立式铣镗床的数控回转工作台结构。步进电动机 3 输出轴的运动由齿轮 2、6 传递给蜗杆,蜗杆 4 的两端装有滚针轴承,左端为自由端,可以伸缩,右端装有两个角接触球轴承,承受蜗杆的轴向力。蜗轮 15 下部的内、外两面装有夹紧瓦 18、19,数控回转工作台底座 21 上的固定支座 24 内均布六个液压缸 14。液压缸 14 上腔进压力油时,柱塞 16 向下移动,通过钢球 17 推动夹紧瓦 18、19 将蜗轮夹紧,从而将数控回转工作台夹紧,实现精确分度定位。当数控回转工作台实现圆周进给运动时,控制系统首先发出指令,使液压缸 14 上腔的压力油流回油箱,在弹簧 20 的作用下将钢球 17 抬起,夹紧瓦 18、19 就松开蜗轮 15,柱塞 16 到上位发出信号,功率步进电机启动并按照指令脉冲的要求驱动数控回转工作台实现圆周进给运动。当工作台做圆周分度运动时,先分度回转再夹紧蜗轮,以保证定位的可靠,并提高承受负载的能力。

数控回转工作台的分度定位和分度工作台不同,它是按照控制系统所制定的脉冲数来决定转位角度,没有其他的定位元件,因此,对开环数控回转工作台的传动精度要求高,传动间隙应尽量小。齿轮 2、6 的啮合间隙由调整偏心环 1 来消除。齿轮 6 与蜗杆 4 用花键结合,花键间隙应尽量小,以减小对分度精度的影响。蜗杆 4 为双导程蜗杆,可以用轴向移动蜗杆的办法来消除蜗杆 4 与蜗轮 15 的啮合间隙。调整时只要将调整环 7(两个半圆垫片)的厚度尺寸改变,便可使蜗杆轴向移动。

数控控制台设有零点,当它做回零控制时,先快速回转,运动至挡块 11 时压动微动开关 10,发出"慢速回转"的信号,再由挡块 9 压动微动开关 8 发出"点动步进"信号,最后由功率步进电动机停在某一固定的通电向位上(称为锁相),从而使工作台准确的停在零点位置上。

数控回转工作台的圆形导轨采用大型推力滚珠轴承 13 支承,回转灵活。径向导轨由滚子轴承12及圆锥滚子轴承22保证回转精度和定位精度。调整轴承12的预紧力,可以消除回转轴的径向间隙。调整轴承22的调整套23厚度,可以使圆导轨上有适当的预紧力,保证导轨有一定的接触刚度。

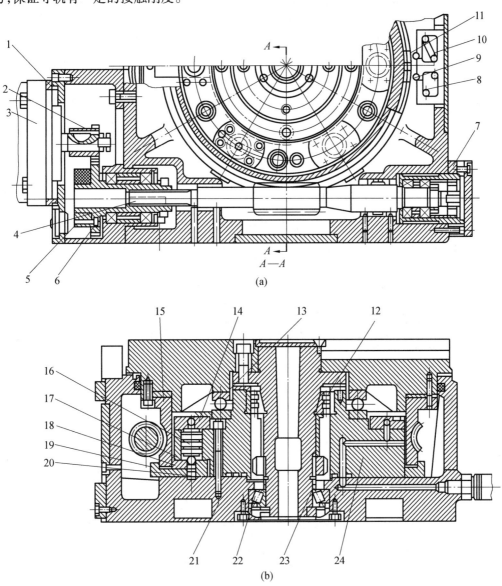

图21　开环数控回转工作台

1—偏心环;2、6—齿轮;3—电动机;4—蜗杆;5—垫圈;7—调整环;8、10—微动开关;9、11—挡块;12、13—轴承;14—液压缸;15—蜗轮;16—柱塞;17—钢球;18、19—夹紧瓦;20—弹簧;21—底座;22—圆锥滚子轴承;23—调整套;24—支座

这种数控回转工作台可做成标准附件,回转轴可水平安装也可垂直安装,以适应不同工件的加工要求。数控回转工作台脉冲当量是指每个脉冲使工作台回转的角度,现有的脉冲当量在0.001°/脉冲到2°/脉冲之间,使用时根据加工精度要求和工作台直径大小来选取。

2. 闭环数控回转工作台

闭环数控回转工作台和开环数控回转工作台大致相同,其区别在于闭环数控回转工作台由转动角度的测量元件(圆光栅或元感应同步器)。所测量的结果经反馈可与指令值相比较,按闭环原理进行工作,使工作台分度精度更高。

图 22 所示为闭环数控回转工作台的结构。直流伺服电机 15 通过减速齿轮 14、16 及蜗杆 12、蜗轮 13 带动工作台 1 回转,工作台的转角位置用圆光栅 9 测量。测量结果发出反馈信号与数控装置发出的指令信号进行比较,若有偏差经放大后控制伺服电机朝消除偏差方向转动,使工作台精确运转或定位。当工作台静止时,必须处于锁紧状态。台面的锁紧用均布的八个小液压缸 5 来完成,当控制系统发出夹紧指令时,液压缸上腔进压力油,活塞 6 下移,通过钢球 8 推开夹紧瓦 3、4,从而将蜗轮 13 夹紧。当工作台回转时,控制系统发出指令,液压缸 5 上腔压力油流回油箱,在弹簧 7 的作用下,钢球 8 抬起,夹紧瓦松开,不再夹紧蜗轮 13。然后按数控系统的指令,由伺服电机 15 通过传动装置实现工作台的分度转位、定位、夹紧或连续回转运动。

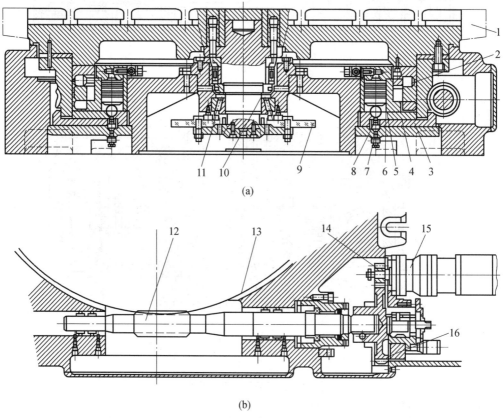

(a)

(b)

图 22　闭环数控回转工作台的结构

1—工作台;2—镶钢滚柱导轨;3、4—夹紧瓦;5—液压缸;6—活塞;7—弹簧;8—钢球;9—圆光栅;
10、11—轴承;12—蜗杆;13—蜗轮;14、16—齿轮;15—电机

数控回转工作台的中心回转轴采用圆锥滚子轴承 11 及双列圆柱滚子轴承 10 支承,通过预紧消除其轴向间隙和径向间隙,以提高工作台的刚度和回转精度。工作台支承在镶钢滚柱导轨 2 上,运动平稳且耐磨。

参 考 文 献

[1] 刘玉春. 数控编程技术项目教程[M]. 北京:机械工业出版社,2020.

[2] 周保牛,黄俊桂. 数控编程与加工技术 [M]. 3 版. 北京:机械工业出版社,2019.

[3] 殷小清,王阳. 数控编程与加工[M]. 北京:机械工业出版社,2019.

[4] 吕宜忠. 数控编程与加工技术[M]. 北京:机械工业出版社,2018.

[5] 邓健平,张若锋. 数控编程与操作[M]. 北京:机械工业出版社,2018.

[6] 周保牛. 数控编程与加工 [M]. 2 版. 北京:机械工业出版社,2018.

[7] 孟利华,赵建国. 数控编程(数车方向)[M]. 北京:机械工业出版社,2019.

[8] 杨亮. 数控编程技术[M]. 北京:电子工业出版社,2017.

[9] 潘冬. 数控编程技术[M]. 北京:北京理工大学出版社,2021.

[10] 张玲. 数控加工编程[M]. 南京:南京大学出版社,2017.

[11] 周晓红. 数控铣削工艺与技能训练(含加工中心)[M]. 北京:机械工业出版社,
    2011.

[12] 唐利平. 数控车削加工技术[M]. 北京:机械工业出版社,2011.

[13] 关雄飞. 数控加工工艺与编程[M]. 北京:机械工业出版社,2011.

[14] 周虹. 使用数控车床的零件加工[M]. 北京:清华大学出版社,2011.

[15] 刘虹. 数控加工编程及操作[M]. 北京:机械工业出版社,2011.

[16] 张士印,孔建. 数控车床加工应用教程[M]. 北京:清华大学出版社,2011.

[17] 叶俊. 数控切削加工[M]. 北京:机械工业出版社,2011.

[18] 李柱. 数控加工工艺及实施[M]. 北京:机械工业出版社,2011.

[19] 张若锋,邓建平. 数控加工实训[M]. 北京:机械工业出版社,2011.

[20] 高彬. 数控加工工艺[M]. 北京:清华大学出版社,2011.

[21] 人力资源和社会保障部教材办公室. 数控加工工艺[M]. 3 版. 北京:中国劳动社会
    保障出版社,2011.

[22] 关颖. 数控车床操作与加工项目式教程[M]. 北京:电子工业出版社,2011.

[23] 倪祥明. 数控机床及数控加工技术[M]. 北京:人民邮电出版社,2011.

[24] 张亚力. 数控铣床/加工中心编程与零件加工[M]. 北京:化学工业出版社,2011.